和田市民族特色服装产业及设计丛书

"和田市北京服装周民族特色服装展活动项目（创意设计）"成果之二

艾德莱斯绸服饰研究与创新设计

王媛媛　汪丽群 / 编著

中国纺织出版社有限公司

内 容 提 要

本书是“和田市北京服装周民族特色服装展活动项目（创意设计）”成果之二，主要内容包括和田艾德莱斯绸简介，艾德莱斯绸服饰在款式、图案、面料、色彩方面的创新设计，艾德莱斯绸日常着装、商务着装、校园着装的创新设计方案三大方面。本书旨在努力将创新与传统融合，实现传统服饰和文化的现代化、时尚化表达，服务民族服饰艾德莱斯绸服装的实践和生产需要，促进相关企业设计力、时尚力的提高。

图书在版编目（CIP）数据

艾德莱斯绸服饰研究与创新设计 / 王媛媛，汪丽群编著. -- 北京：中国纺织出版社有限公司，2023.8
（和田市民族特色服装产业及设计丛书）
ISBN 978-7-5229-0649-2

Ⅰ. ①艾… Ⅱ. ①王… ②汪… Ⅲ. ①少数民族－民族服饰－服装设计－研究－和田地区 Ⅳ. ①TS941.742.8

中国国家版本馆 CIP 数据核字（2023）第 097434 号

责任编辑：张晓芳　　责任校对：寇晨晨　　责任印制：王艳丽

中国纺织出版社有限公司出版发行
地址：北京市朝阳区百子湾东里A407号楼　邮政编码：100124
销售电话：010—67004422　传真：010—87155801
http://www.c-textilep. com
中国纺织出版社天猫旗舰店
官方微博 http://weibo.com/2119887771
北京华联印刷有限公司印刷　各地新华书店经销
2023年8月第1版第1次印刷
开本：710×1000　1/16　印张：9.75
字数：63千字　定价：98.00元

序

艾德莱斯绸是和田市传统特色服饰，具有悠久的历史，广泛的服用性，鲜明的艺术特征，是和田市最具代表性的服饰和文化内容，是珍贵的民族文化遗产。在新时代，新疆作为“一带一路”经济带核心地区，将纺织服装产业作为重点发展方向，和田艾德莱斯绸特色服装文化和产业的发展，将迎来良好的新机遇。因此，北京对口援疆项目引入行业高校北京服装学院的学术资源，支持和田艾德莱斯绸传统服装设计创新，对于推进和田传统民族服饰的产业化、现代化、时尚化，就具有重要的实践意义。

开展“艾德莱斯绸服饰研究与设计创新”，是在立足艾德莱斯绸及和田地区各民族文化、传统服装品类色彩和图案等学术考，以及对和田艾德莱斯绸民族传统文化与审美的整理、学习和研究基础上，开展富有民族特色服饰元素的日常着装、商务着装和校园着装的时尚应用和设计创新。这一工作努力将创新与传统结合，实现传统服饰和文化的现代化、时尚化表达，服务民族服饰艾德莱斯绸服装的实践和生产需要，促进相关企业设计力、时尚力的提高。

将和田艾德莱斯绸传统服饰的调查与研究工作纳入学术研究视野，于北京服装学院师生尚属首次，本项研究也属开拓性质。实际上一般意义上的国内外有关和田服饰的专题学术研究还处于起步阶段。同时，由于本项目自2022年7月下旬开始至10月结束的时间限制（时间比较短），兼之工作调研方面因客观因素存在较大局限，工作的不完善之处一定很多。我们期待艾德莱斯绸民族服饰的传承创新，走向时尚生活，在未来能够进一步深入。

在艾德莱斯绸服装设计的工作中，北京服装学院服装艺术与工程学院的赵文淇、郝终全、郭嘉琪、杨瀛、王瑾、袁依晨、杜怡儵然、龙怡、马源、曲佳璇、李纪朋、张公睿、李明旭、秦瀚文、陈泽嘉、袁梦等同学参加了前期研究及资料搜集工作。赵文淇、郝终全、郭嘉琪、杨瀛、王瑾等同学参加了对研究资料的后期整理。秦瀚文、陈泽嘉、袁梦、王唯维、闻漪漓、张吉平、杜雨桐、李明旭、王驰翔、曲佳璇、袁依晨、龙怡等同学开展了艾德莱斯绸服装服饰的创新设计。因此，本书的服装服饰创新设计的成果是集体努力的结果。由于师生们对和田市的了解不够深入，对和田民族服装产业及传统服装文化的研究也处于初步阶段，研究成果服务和田市产业企业的实践可行性等都还有待检验。现将设计创新的成果整理汇报，请各方面领导和专家学者批评指导。

王保鲁

2022年10月

目录

1. 和田艾德莱斯绸

汪丽群

艾德莱斯绸，或称艾德莱斯，是一种产自新疆，深受维吾尔族、乌孜别克族等妇女喜爱的传统丝织物。艾德莱斯的色彩绚丽、图案丰富、独特的织造技艺造就的参差不齐的图案边缘使其看起来富有动感。经考古研究，学术界普遍认为新疆地区艾德莱斯的发源地在今天的和田市吉亚乡，起源时间约在10世纪至18世纪末之间。在新疆，由于和田市吉亚乡的艾德莱斯织造出现的时间比较早，产业相对发达，又非常出名，所以有时称新疆艾德莱斯为“和田艾德莱斯”。

和田地区位于新疆维吾尔自治区南隅，古称于阗，是古代丝绸之路南道重镇。作为交通枢纽，于阗的宗教、艺术、建筑等在文化融合的同时，逐渐形成了自己独特的风格。随着中原地区植桑养蚕技术传到于阗，这里便兴起了丝绸的织造，其中最引人瞩目的一个丝绸品种便是艾德莱斯，作为丝绸纺织技艺交流产物的和田艾德莱斯，发展出了独特的织造工艺和别具一格的艺术特色。

和田是古代新疆丝绸的重要生产基地，从目前掌握的文献资料和考古资料来看，公元3世纪丝织业已在古代和田产生。从唐宋到清代的文献记载中都提到了和田丝绸的织造，《大唐西域记》《新唐书·西域传》和《于阗国史》等文献中记载的公主秘传茧种至于阗的历史故事就说明了古代和田养蚕植桑的悠久历史。清朝，新疆蚕桑迅速发展，和田丝绸业更是闻名西域，主要出产艾德莱斯、玛什鲁布和夏夷绸等多个品种。和田艾德莱斯织造一直延续到今天。

艾德莱斯是一种使用扎经染色工艺的丝织物，与中原地区传统的先织后染的扎染工艺不同，艾德莱斯是先染后织。即先捆扎纱线，将经线用扎结的方法进行防染处理，根据需要，可以反复在经线上扎结，以染出多种色彩，然后将染好色的经线通过织造形成各种图案。传统艾德莱斯的织造工艺可分为“缫、络、并、染、拼、织”六道工序，即“缫丝、络丝、并丝、染色、拼花、织造”。传统艾德莱斯的织造工艺从古至今几乎没产生太大变化，只是随着时代的进步，部分手工被机械代替，但是扎经染色环节始终需要人工来完成。通过前三道工序，可以获得用来染织的纱线，而后三道工序是造就艾德莱斯图案边缘参差朦胧，整体视觉上富有动感、层次变幻的关键步骤。具体来说，在扎经染色阶段，人工扎捆经线时的手法与用力不同会导致经线扎捆松紧程度存在差异，使得染液对丝线的渗透不同，从而使丝线形成不同程度的色晕；在拼花阶段，丝线对花很难达到完全准确，使织出的图案边缘呈现参差朦胧的效果；在上机织造阶段，丝线受到的拉力不均也会对图案边缘的整齐程度产生一定的影响（图 1-1）。

图 1-1　艾德莱斯图案边缘参差朦胧的艺术效果

按照色彩基调，传统的艾德莱斯可分为黑艾德莱斯、黄艾德莱斯、红艾德莱斯与莎车式艾德莱斯。黑艾德莱斯是和田地区最古老、最普遍的艾德莱斯品类，又称“安集延”式、“安江”式，由和田地区洛浦县的吉亚乡出产，该品类仅使用黑白两色，呈黑地白花，多为当地老年妇女穿用（图1-2）；黄艾德莱斯以艳黄为地，白色、红色为花，多为中年与老年妇女穿用；红艾德莱斯是以红色为地，白色、黄色为花，富有青春气息，多为年轻妇女和姑娘穿用（图1-3）；莎车式艾德莱斯，又称彩色艾德莱斯，产自喀什地区，色彩绚丽、鲜艳，常用翠绿、宝蓝、黄、青、桃红、紫红、橘、金黄、艳绿、黑白等色，有文献显示为起源于20世纪60年代，是现代艾德莱斯产品图案来源的主要母体。

根据生产地域，艾德莱斯又可分为“和田式”和“莎车式”两

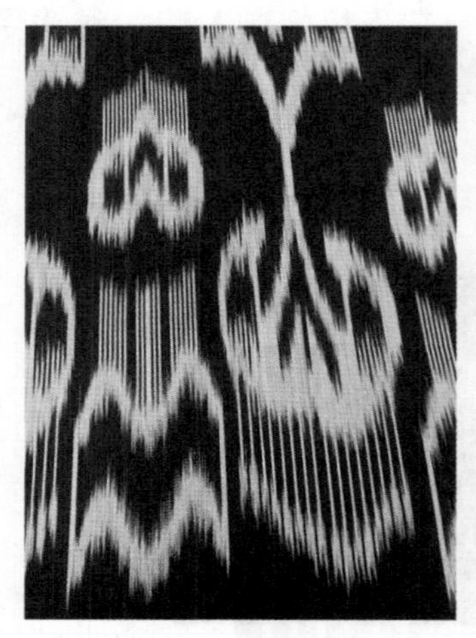
图1-2　黑艾德莱斯

图1-3　红艾德莱斯

类。新疆的和田地区与喀什地区是艾德莱斯织造技术广泛流传的两大地区，两个地区出产的艾德莱斯风格迥异。和田式艾德莱斯在构图上更显自由奔放，纹样上更丰富多变；莎车式艾德莱斯在色彩上则更加绚丽。由于和田艾德莱斯出现的时间较早，有学者认为，喀什地区的艾德莱斯是在和田艾德莱斯的基础上发展而来。

和田艾德莱斯图案丰富多样，色彩纷繁，散发出独特的艺术魅力。边缘参差朦胧的图案真实地映射出当地维吾尔族人民珍贵的历史记忆、对现实生活的热爱和对美好生活的憧憬。经众多学者研究发现，现实生活中的物象是和田艾德莱斯的主要表现对象，分为几何图案、植物纹图案和器物图案三种类型。几何图案在艾德莱斯中有时是主体纹样，有时是框架形图案，有时被作为填充纹样，其中最常见的是菱形、长条形、水波形、椭圆形等，还有一种山形图案，经常被用在维吾尔族民间叫作“皇绸”的黑色艾德莱斯绸上，据说这种山形图案是参照新疆天山等名山织就的。植物纹图案与新疆独特的绿洲自然风情和绿洲各民族热爱家乡美景的情结紧密相关，通常以花卉、叶、果实为主，且多为和田当地特产，具体有花卉纹、巴旦木纹、苹果纹、枝叶纹、梨纹、葫芦纹、阿娜尔（石榴）纹等，体现出维吾尔族民族文化中的自然和谐观念。器物图案的参照原型有人们歌舞欢庆时使用的乐器和他们在开创绿洲田园生活时使用的生产工具，具体有热瓦普、艾捷克、都塔尔、胡西塔、木槌、锯子、镰刀、羊角、洗手壶、梳子、梭子、流苏、鸟羽等。这三类图案，有时单独使用，通过一定序列的排布创造出富有节奏感的画面；有时混合使用，将几种主题的图案穿插组合，构成变化丰富的画面（图1-4、图1-5）。

图1-4 艾德莱斯图案1

图1-5 艾德莱斯图案2

新疆艾德莱斯有着悠久的发展历史，关于其起源时间的考证不断出现新的证据和观点。学界专家侯世新、王博根据搜集到的实物资料及田野调查研究，将新疆艾德莱斯的发展划分为织造初期、过渡期、发展及昌盛期三个时期。织造初期——清代（1644～1911年），过渡期——民国时期（1919～1949年），发展及昌盛期——1949年之后。又将发展及昌盛期分为两个阶段：发展阶段（1949～1992年），昌盛阶段（1992年之后）。19世纪末，艾德莱斯纺织的现代化历程开启，这从某种意义上解放了女性，也使这种高贵的奢侈品走向市场化。20世纪50～80年代，艾德莱斯真正走向机械化生产。20 世纪 90 年代，在一些丝绸工厂，电动纺织机开始取代木制纺织机，生产效率大幅度提高，劳动成本降低。1992 ~ 2003 年的十年间，艾德莱斯的生产基本实现了机械化作业。2008 年，和田艾德莱斯制作工艺被列为“国家级非物质文化遗产”，将和田艾德莱斯推入新的历史发展阶段，在政府、学界、市场等多方关注下，艾德莱斯走进了创新发展的新时期。据《和田艾德莱斯绸》一书中的统计，到 2011 年，和田市吉亚乡大约有 3000 农户参与纺织艾德莱斯，图案纹样增加到数十种，再加上图案与色彩的搭配，使艾德莱斯纹样达到 140 多种，机械纺织的艾德莱斯的幅宽最宽可达到 80 厘米。

和田艾德莱斯曾经是丝绸之路上丝绸贸易繁华景象中不可或缺的重要部分，10 世纪初，于阗的丝绸绵绫遍布敦煌，丝绸业在当时的兴盛可见一斑。新的历史时期，如何充分结合和田艾德莱斯的产业特点，有针对性地提供符合当代市场需求的艾德莱斯创新产品，从而切实推进和田艾德莱斯产业的长足发展，成为本课题关注的重点。

项目前期考察阶段，团队走访了和田市吉亚丽人艾德莱斯丝绸有限责任公司，对企业目前的艾德莱斯产品及其衍生品有了初步的了解。本书所有创新设计方案中运用的艾德莱斯图案的原型均选自吉亚丽人的产品。这样，一方面可以保证素材来源的准确性；另一方面也希望通过基于实际案例的创新，使创新设计方案更落地、更具有参考价值。

2. 艾德莱斯绸服饰创新设计

王媛媛

新疆是中国、古印度、两河流域及地中海文明之间文化交流的必经之地，是丝绸之路中欧亚大陆商贸的纽带。新疆的艺术中西融合，宗教广泛传播，使维吾尔族人民的生活受到多重影响，最终形成了独具维吾尔族特色的服饰文化。“三山夹两盆”的地理环境，荒漠中单调的自然色彩，激发了维吾尔族人民对艳丽服饰的热情，偏爱对比强烈、饱和度鲜明的红、绿、蓝、黄等色彩。沙漠绿洲与游牧环境，促使其服饰纹样多具有自然和生命的寓意，花卉、植物、几何图案是最为普遍的审美形式和内容，这体现了维吾尔族文化中的自然和谐观念。维吾尔族偏爱本民族独创的“艾德莱斯绸”缝制衣饰，其花纹如彩云飘飞，色泽明丽浓郁，透出丰富灵动的艺术气质。

近年来，随着国家非物质文化遗产保护政策的实施，艾德莱斯绸得到了服装行业的深度重视，如何将其在当代服饰中进行创新应用也是广受关注的议题。艾德莱斯绸具有突出的民族服饰风格，将民族风格与当代服饰相融合，常具有出其不意的设计效果。本研究基于款式、图案、面料、色彩四个角度，将艾德莱斯绸应用于不同人群的三大服饰着装场景：日常着装（时尚潮流、休闲运动），商务着装，校园着装，进行设计尝试，探索适用于艾德莱斯绸创新应用的设计方法。

2.1 款式应用

新疆少数民族服饰中，根据不同的着装场景，结合流行式样，通过直接或者间接应用的方式，将艾德莱斯绸纹样在服装局部或整体运用，突破民族图案应用的局限性，使设计应用更加灵活。

（1）整体款式。利用先进印花工艺对整体服装面料进行满印，采用重复的设计手法，作为服装的主体纹样，结合当代服装式样如衬衫、西服外套等，与整体着装进行搭配组合，使服装看上去得体大方（图 2-1、图 2-2）。

（2）服装局部：领、袖、腰部、底摆、口袋、边缘等局部装饰。采用局部印花，或者服饰结构边缘装饰，进行点缀，增强服装视觉

图 2-1　女装整体款式设计

图 2-2　男装整体款式设计

层次，突出重点。如图 2-3 所示，应用于西服腰腹部位定位印花，既保证商务服装严谨的着装要求，又打破沉闷，令服装更具个性。如图 2-4 所示，则将艾德莱斯图案以横向排列的形式应用于衬衫款式，与沉稳的商务外套组合搭配，沉稳而不失时尚。

图 2-3 女装局部设计

图 2-4 男装局部设计

2.2 图案应用

艾德莱斯纹样图案大多表现为色彩丰富的纵向紧凑排列，在设计创新应用中，与纵向的线条组合会避免产生割裂感，从而保证视觉的连贯性。艾德莱斯充满活力的炫目色彩与具视觉导向性的纵向线条本身便具有很强的时尚度与活跃感。

（1）图案排列。在应用过程中可将同一图案在排列位置、密度、大小、明度、透明度上做出变化区分，从而形成富有节奏韵律的视觉效果（图 2-5 ~图 2-7）。

图 2-5　图案排列 1

图 2-6　图案排列 2

图 2-7　图案排列 3

（2）图案解构。大部分艾德莱斯绸为纵向图案，以“线”形式为主，但仍有部分图形以“点”的形式呈现。除直接应用艾德莱斯图案的设计方法外，还可以尝试采用解构的手法，将艾德莱斯图案进行视错、波浪、发散等方法的解构，或者与圆点、直线、曲线等具有当代设计风格的图形相互组合，进行二次设计，产生更具时尚度的装饰性风格（图2-8、图2-9）。

图2-8　视错法解构传统图案

图2-9　传统图案与现代感圆点图形结合

（3）图案与单色组合。图案与单色拼接形成的“面”会更具视觉冲击力，富有时尚度与年轻活力。将图案运用到织带、装饰条等细节处，则可以赋予服装时尚活力，起到打破单调、突出主题、形成对比的作用（图2-10）。

图 2-10　纹样在织带、装饰条等细节处应用，产生块面分割，丰富视觉效果

2.3　面料应用

面料对于设计师而言如同颜料对于画家一样，是创造性表现的媒介，因此设计创新离不开关于面料应用方法的探索。通常来说，不同面料的质地、重量、垂感、手感、外观及组织结构共同决定了纹样的展现形式，也决定了服装的造型感和悬垂度。面料科技的不断创新是影响服装潮流更替很重要的因素，面料的功能性和舒适感是款式设计的重要因素之一。假设设计者破除艾德莱斯固有的丝绸材质的局限性，将面料创新的视野聚焦于当下多样变化的纺织科技，如网眼、高弹、抓绒（图 2-11）、锦纶、防水涂层等面料，结合吊染（图 2-12）、扎染、织花、提花、毛织（图 2-13）等工艺，进行综合应用。

图 2-11　应用于抓绒面料

图 2-12　吊染工艺与图案融合

图 2-13　运用毛织工艺将图形各异的艾德莱斯纹饰拼接组合应用

对刺绣等工艺进行创意设计，或选择不同面料材质进行组合，增强整体着装中面料质感的丰富性，可以为艾德莱斯绸纹饰图案提供新的应用载体，带来更为丰富、时尚的视觉效果，也更符合人们对时尚舒适的追求。

2.4 色彩应用

色彩的选择会直接影响服装的整体风格调性。传统的艾德莱斯绸色彩绚丽夺目，具有独特的民族风情，但也正因其突出的民族风格和强烈的视觉冲击力，使其难以与当代时尚文化融合，与当代大众普遍追求的雅致格调不一致，这不利于艾德莱斯绸的推广传承。因此在艾德莱斯绸服装创新设计中，其色彩应适度结合现代国际流行色，满足当代服装市场的需求变化，使这一独具特色的民族织物从“传统”向“当代”理性过渡。具体应用方法可分为以下三种。

（1）无彩系色彩应用。无彩系色彩包含黑、白、灰、金、银一系列中性色，这些颜色单纯洗练且节奏明确，是永不过时的色彩，具有持久的生命力。无彩系色彩可以将图形更加单纯地表现出来，也更易于呈现设计主题。传统黑艾德莱斯绸的黑地白色显花的色彩关系是最为经典的艾德莱斯绸之一，一直流传至今，具有永恒的魅力。极简主义在近些年的时尚流行中保有持续的热度，服装款式以及图案的应用都偏重于简约风格，无彩系色彩的艾德莱斯绸恰好与这一趋势相符合，可以广泛应用于成衣设计中。

（2）单色与彩色结合应用。色彩丰富是艾德莱斯绸的显著特征之一，可以提取图案中的单色，与原有的传统高饱和度色彩相结合，既融合当代流行风格，又不会失去艾德莱斯绸本身的风格，运用简约廓型，使服装整体看上去简约舒适（图 2-14）。

（3）结合国际流行色应用。结合国际流行色设计并非是将国际流行色生搬硬套地应用于款式设计中，而是要考虑到每一种颜色和图案结合的比例关系，使其在整体设计上达到色彩关系的平衡。具体可采用以下两种方法。

① 同类色呼应。色彩关系上选用同类色进行呼应，在整体着装的不同面料的所有颜色中都加入适量的同色系颜色，使所有颜色呈现出或多或少的联系，从而构成一种色调倾向，表现出统一的节奏感（图 2-15）。

图 2-14　单色与彩色结合应用

图 2-15　同类色呼应

② 纯度明度呼应。相关色彩之间在纯度或者明度上相呼应，面料中有一种较为突出的高纯度或者高明度的色彩后，需要有相似纯

度和明度的色彩与之呼应，使整体面料的每种颜色都能和谐共存而又有丰富的韵律感。

总结：新疆是艾德莱斯绸面料生产和销售的最大地区，艾德莱斯绸的生产工艺得到了较为完整的传承，但由于地理位置、交通问题和经济发展相对缓慢等因素的影响，新疆地区在接受时尚流行信息的时间上呈现一定的滞后性，这影响了艾德莱斯绸与当代时尚潮流接轨的步伐，阻碍了艾德莱斯绸的良好发展。因此对于艾德莱斯绸创新设计的探索是非常必要的，尝试行之有效的服装设计方法，平衡传统纹样与当代时尚文化之间的关系，从而创造出既传承民族服饰元素，又融合现代都市语境下的审美，尽可能呈现契合少数民族传统服饰元素在当代社会的新审美意识与情感表达，为艾德莱斯绸的传承发扬做出努力。

3. 创新设计方案

本研究基于款式、图案、色彩等多个角度，将艾德莱斯绸应用于不同人群的三个服饰着装场景：日常着装、商务着装、校园着装，进行设计尝试，探索适用于艾德莱斯绸创新应用的设计方法。

3.1 日常着装

3.1.1 时尚潮流系列

3.1.2 日常休闲系列

3.1.3 乐活运动系列

3.2 商务着装

3.2.1 商务正装系列

3.2.2 时尚商务系列

3.3 校园着装

3.3.1 校园制服系列

3.3.2 校园运动系列

3.3.3 儿童户外系列

3.1 日常着装

3.1.1 时尚潮流系列

结合潮流趋势，通过直接或间接应用的设计方式，将艾德莱斯绸纹样在时尚款式中或局部、或整体地运用，令传统民族元素在当代时尚潮流中释放新的活力。

第 1 组（图 3-1~图 3-9）

服装设计：王媛媛
款式图绘制：李明旭、王驰翔

宽松羊羔绒立领马甲，保暖而蓬松。搭配整身的艾德莱斯绸连衣裙。形成质感对比。以暖棕色为主色调，在寒冷的冬天给人温暖慵懒舒适的氛围感。

图 3-1 时尚潮流系列 1

墨绿色开衩中式长褂，高领紧身内搭。底摆和内衬印有艾德莱斯纹样，丰富服装质感。深色船鞋衬托脚踝的纤细，低调而优雅。

图 3-2　时尚潮流系列 2

衬衫演变款连衣裙

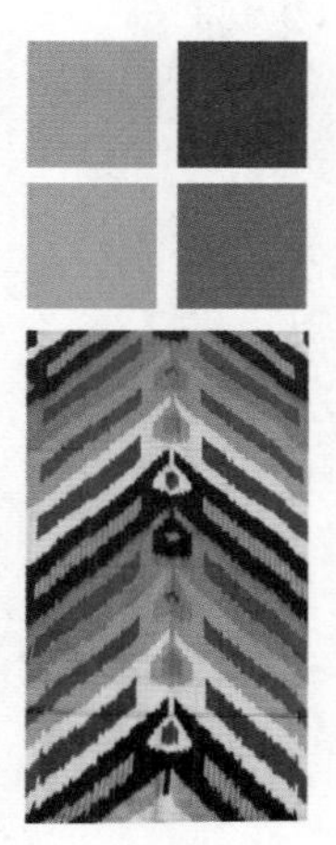

色彩提炼与图案选取

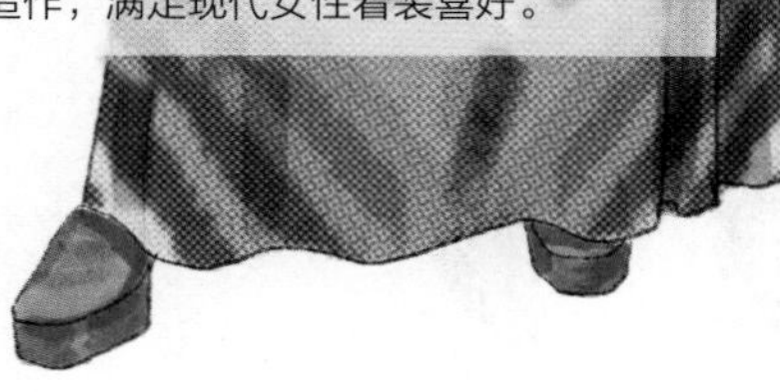

宽松慵懒的连衣长裙，大V领修饰颈部线条，可佩戴金属质感的民族风项链，极简而舒适，温柔却不矫揉造作，满足现代女性着装喜好。

图 3-3 时尚潮流系列 3

色彩提炼与图案选取
宽松的印花上衣搭配侧面抽褶长裙，满身的艾德莱斯图案充满民族气息，统一而协调。搭配黑色长靴，为整体增加沉稳的元素。

图 3-4　时尚潮流系列 4

色彩提炼与图案选取

采用2023年流行色叶绿素色为主色调，符合人们对大自然的向往。披挂式结构将自然与民族这一主题发挥到极致。

图 3-5 时尚潮流系列 5

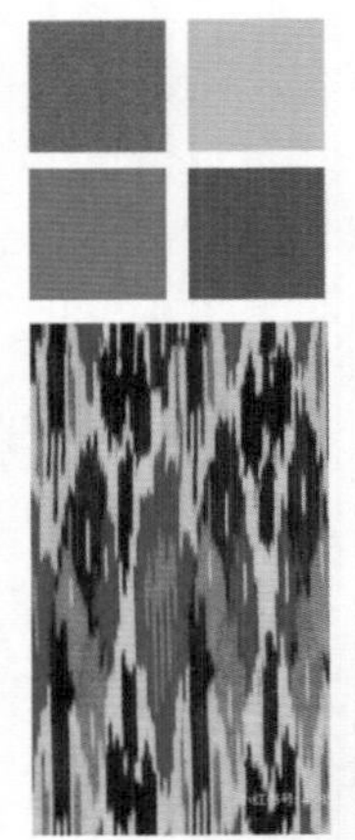

色彩提炼与图案选取

暖橘色的羊绒上衣，搭配带有艾德莱斯纹样装饰的百褶裙。营造浓郁的民族气息和节日氛围，体现新疆人民热情欢乐的性格特点。

图 3-6　时尚潮流系列 6

宽松提花外套，搭配牛仔半裙。艾德莱斯绸衬衣系在腰间添加率性的气质。叠穿与不同材质的搭配充满层次感。

图 3-7 时尚潮流系列 7

浅色系Oversize西装外套搭配民族风T恤和运动风短裤，轻松慵懒，更贴合当下流行穿搭形式。
色彩提炼与图案选取

图 3-8　时尚潮流系列 8

宽松潮流衬衫可以与传统图案结合
色彩提炼与图案选取
两种艾德莱斯印花图案叠穿增加层次感，采用流行的衬衫T恤款式，搭配深色长裤和运动鞋，充满时尚感。

图 3-9 时尚潮流系列 9

第 2 组（图 3-10~ 图 3-17）

服装设计：秦瀚文、汪丽群
款式图绘制：秦瀚文、汪丽群

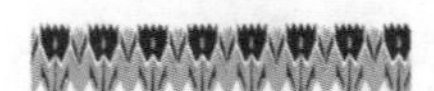

色彩提炼与图案选取

服装形制参考足球运动服。清爽的薄荷绿、米色彩纹、沉稳的藏蓝构成一幅绿茵场上轻松的运动画面。

图 3-10　时尚潮流系列 10

色彩提炼与图案选取

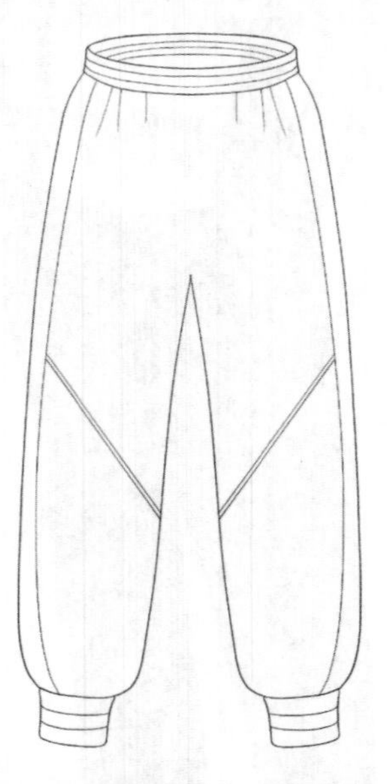

服装形制参考足球运动服。清爽的薄荷绿、米色彩纹、沉稳的藏蓝构成一幅绿茵场上轻松的运动画面。

图 3-11　时尚潮流系列 11

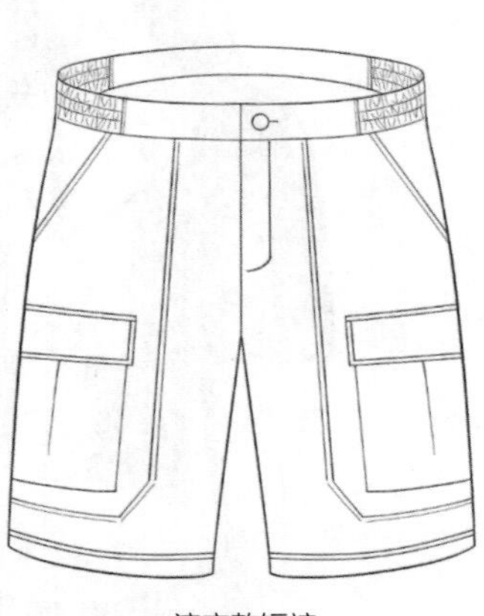

演变款短裤

色彩提炼与图案选取

服装的民族纹样与同色系纯色的拼接，结合古巴领、工装感的大口袋，让这套服装带给我们夏日海边的惬意印象。

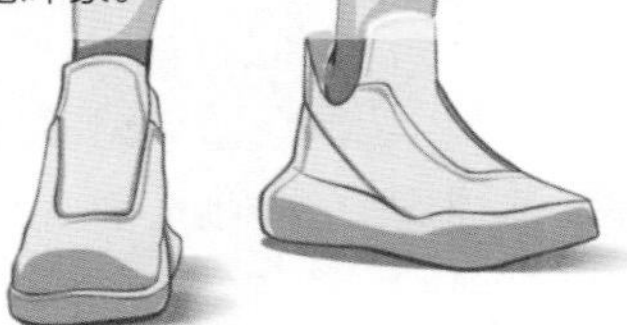

图 3-12　时尚潮流系列 12

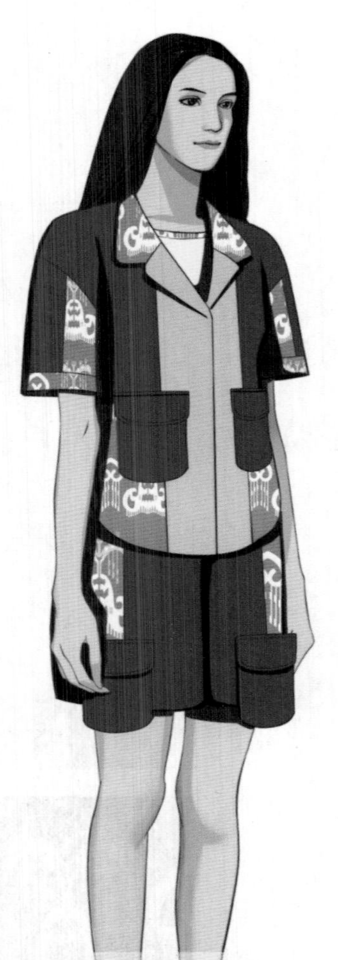

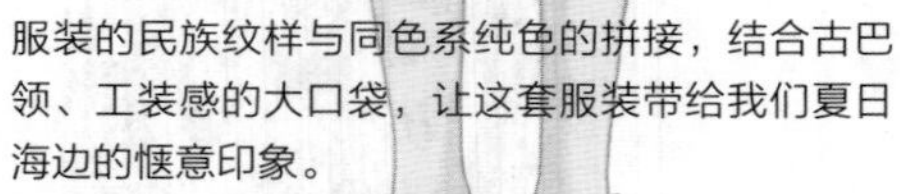

服装的民族纹样与同色系纯色的拼接，结合古巴领、工装感的大口袋，让这套服装带给我们夏日海边的惬意印象。

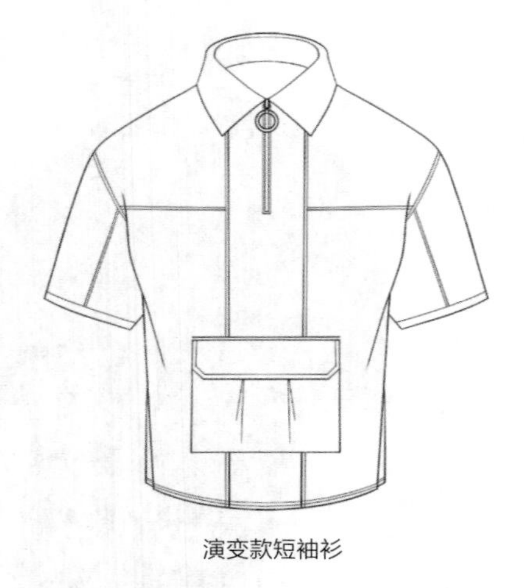

演变款短袖衫

色彩提炼与图案选取

图 3-13　时尚潮流系列 13

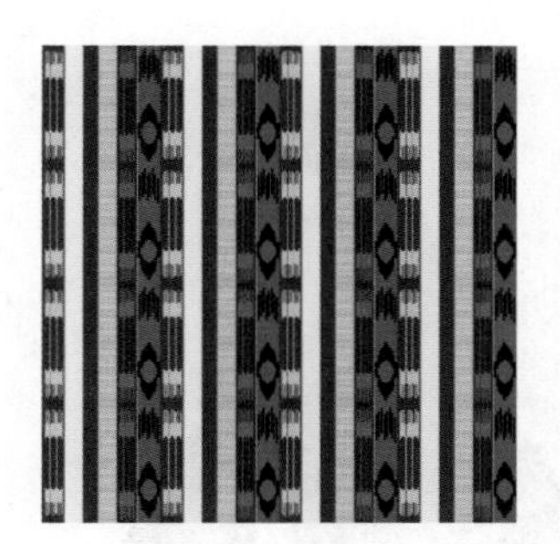

图案选取

宽厚的罗纹、定制的抽绳、夸张的袋盖集中出现在这套藏蓝色插肩袖飞行夹克棉服中，服装不仅表现出适合秋季的舒适，更凸显了内敛却大气的民族特色与成熟且沉稳的时尚气息。

图 3-14 时尚潮流系列 14

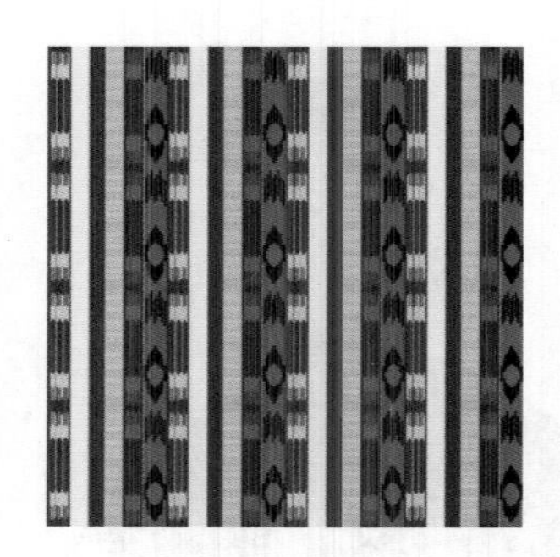

图案选取

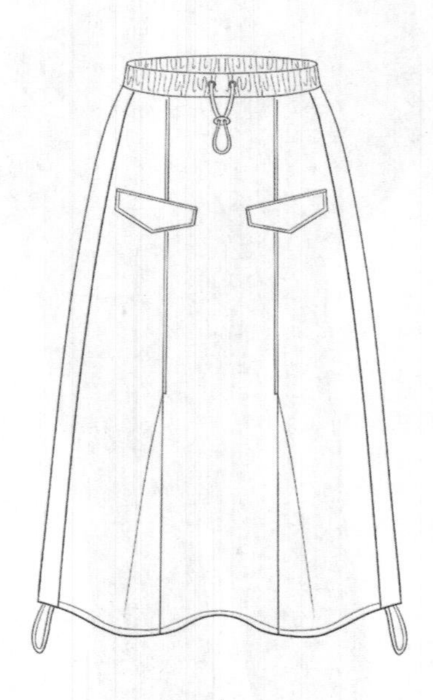

宽厚的罗纹、定制的抽绳、夸张的袋盖集中出现在这套藏蓝色插肩袖飞行夹克棉服中，服装不仅表现出适合秋季的舒适，更凸显了内敛却大气的民族特色与成熟且沉稳的时尚气息。

图 3-15　时尚潮流系列 15

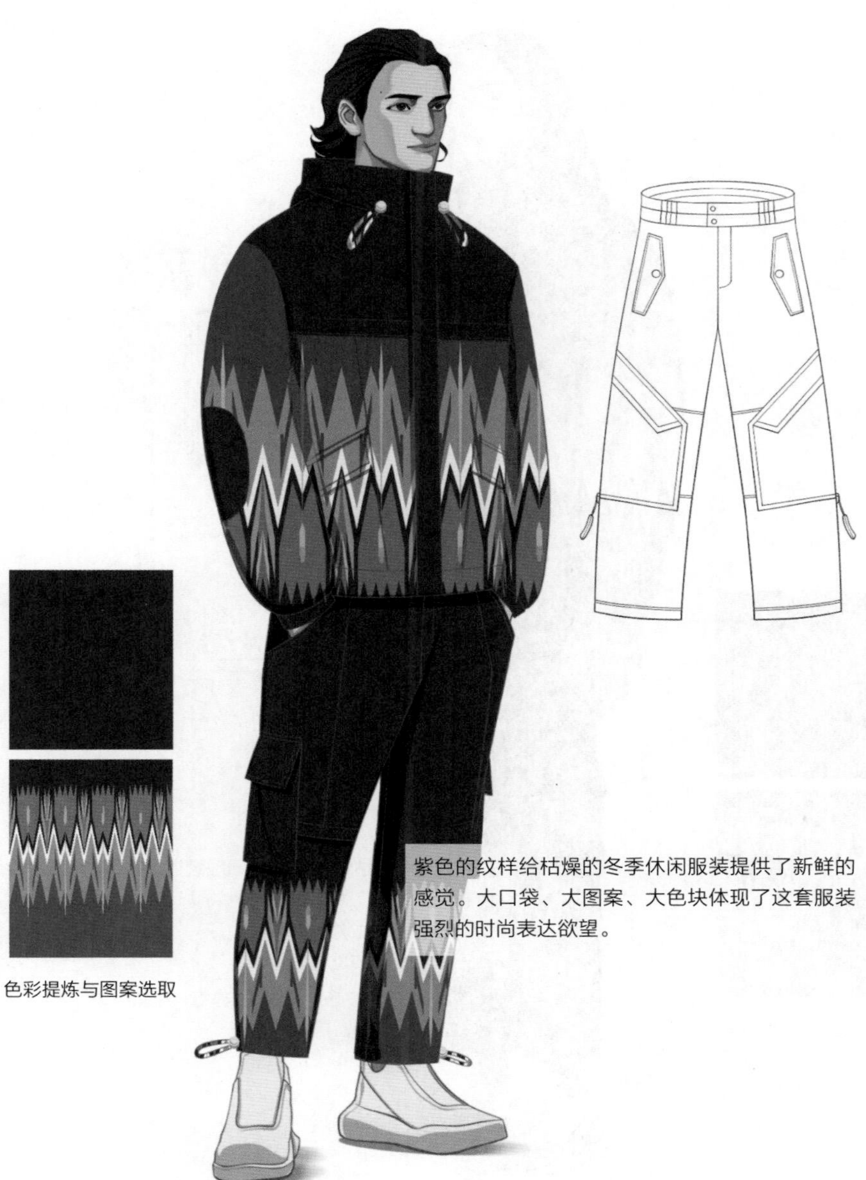

图 3-16　时尚潮流系列 16

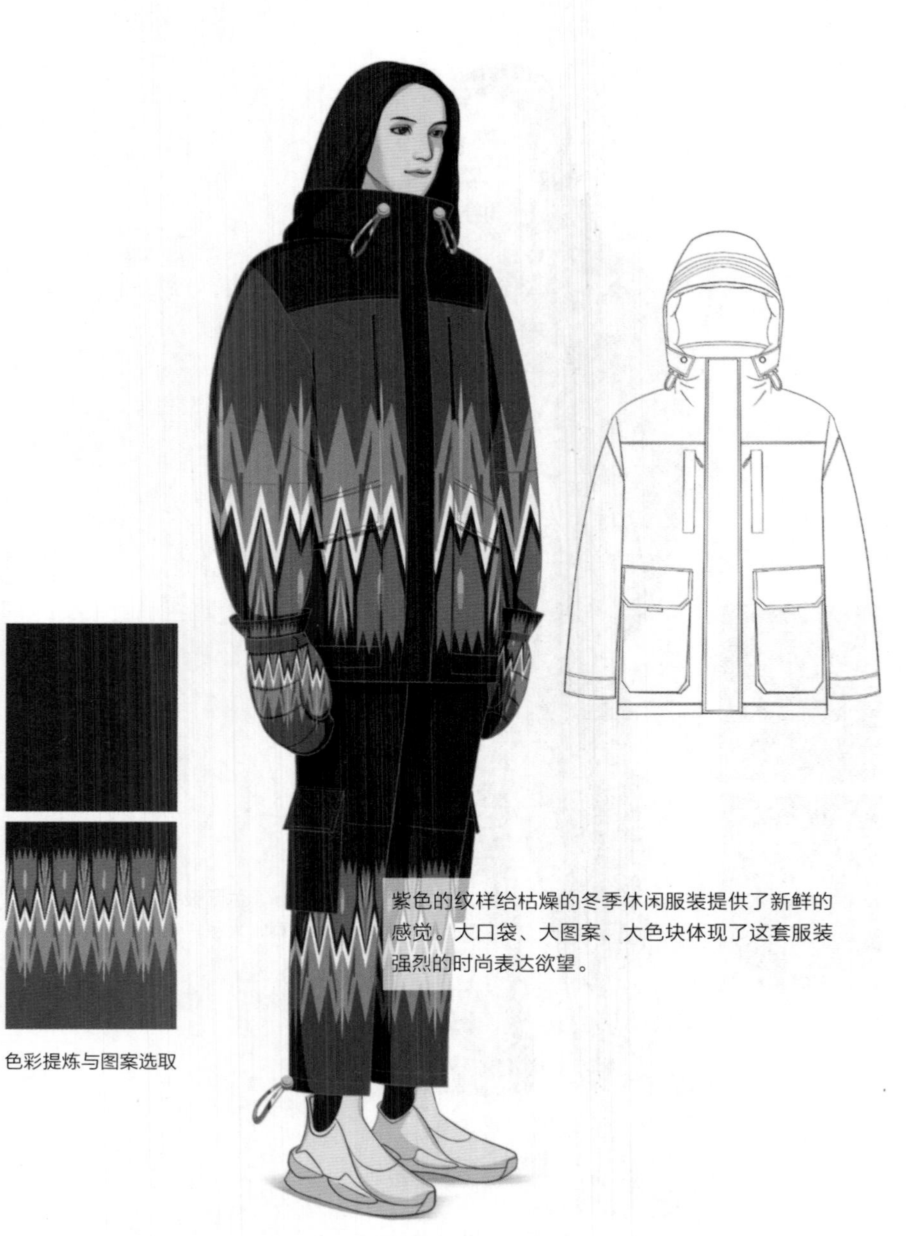

图 3-17　时尚潮流系列 17

3.1.2 日常休闲系列

日常休闲服装是人们最为普遍的着装种类，其主要特点是简约与舒适。宽松潮流的款型和艾德莱斯绸丰富的色彩奠定了轻松的基调，将民族风格纹饰与潮流巧妙结合，融于日常着装中，是传统文化在当代最有效传承的方式之一。

第1组（图3-18~图3-27）

服装设计：王媛媛、龙怡

款式图绘制：李明旭、龙怡、王驰翔

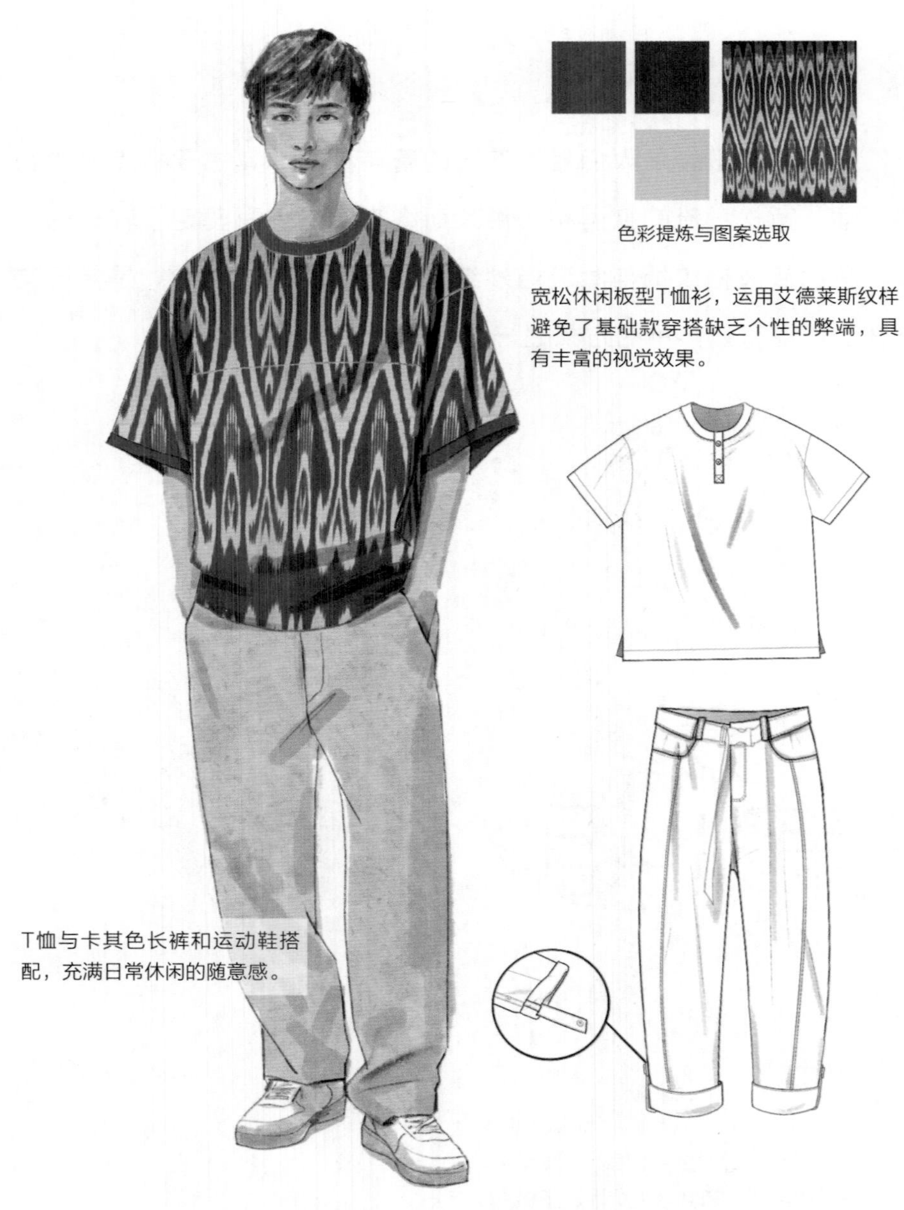

图3-18　日常休闲系列1

图 3-19　日常休闲系列 2

图 3-20　日常休闲系列 3

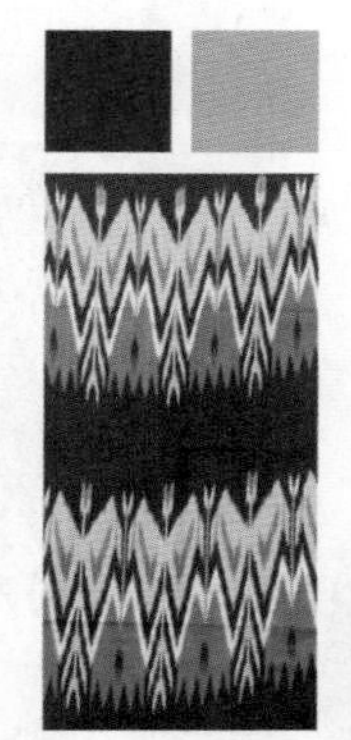

色彩提炼与图案选取

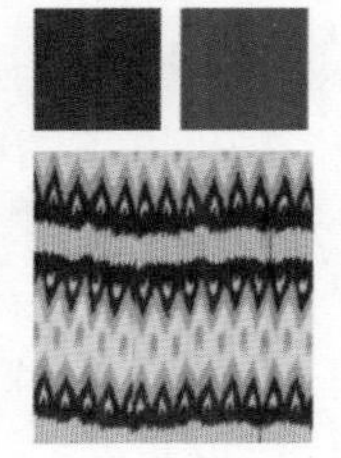

色彩提炼与图案选取

艾德莱斯图案深蓝色立领外套，搭配暖色系圆领卫衣和棕色直筒裤。日常简约，舒适百搭。

图 3-21 日常休闲系列 4

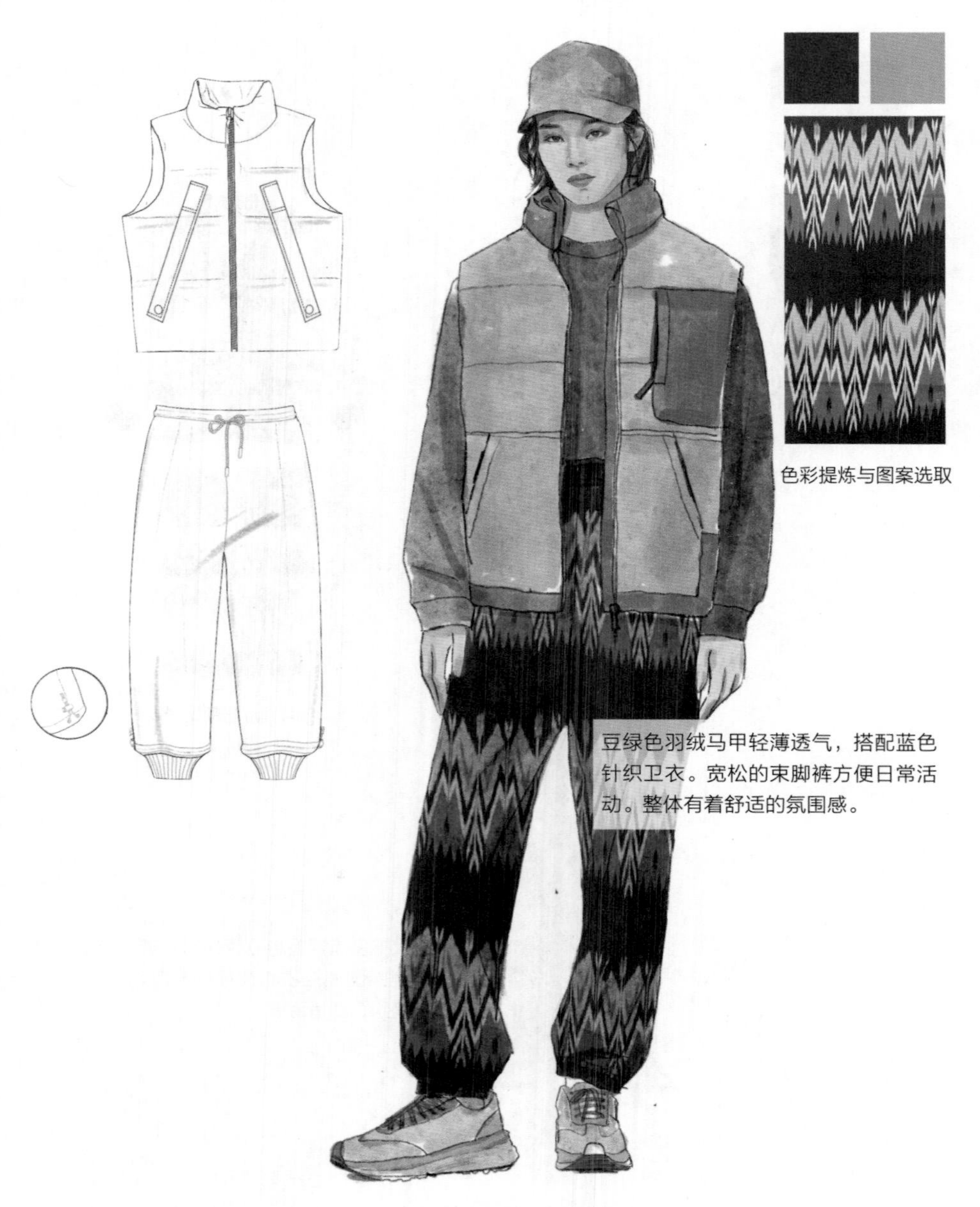

图 3-22　日常休闲系列 5

图 3-23 日常休闲系列 6

运用毛织工艺织出带有传统图案的宽松毛衫，廓型宽松简约，舒适慵懒。鲜艳又富有激情的色彩，适宜日常休闲穿着，充满活力。

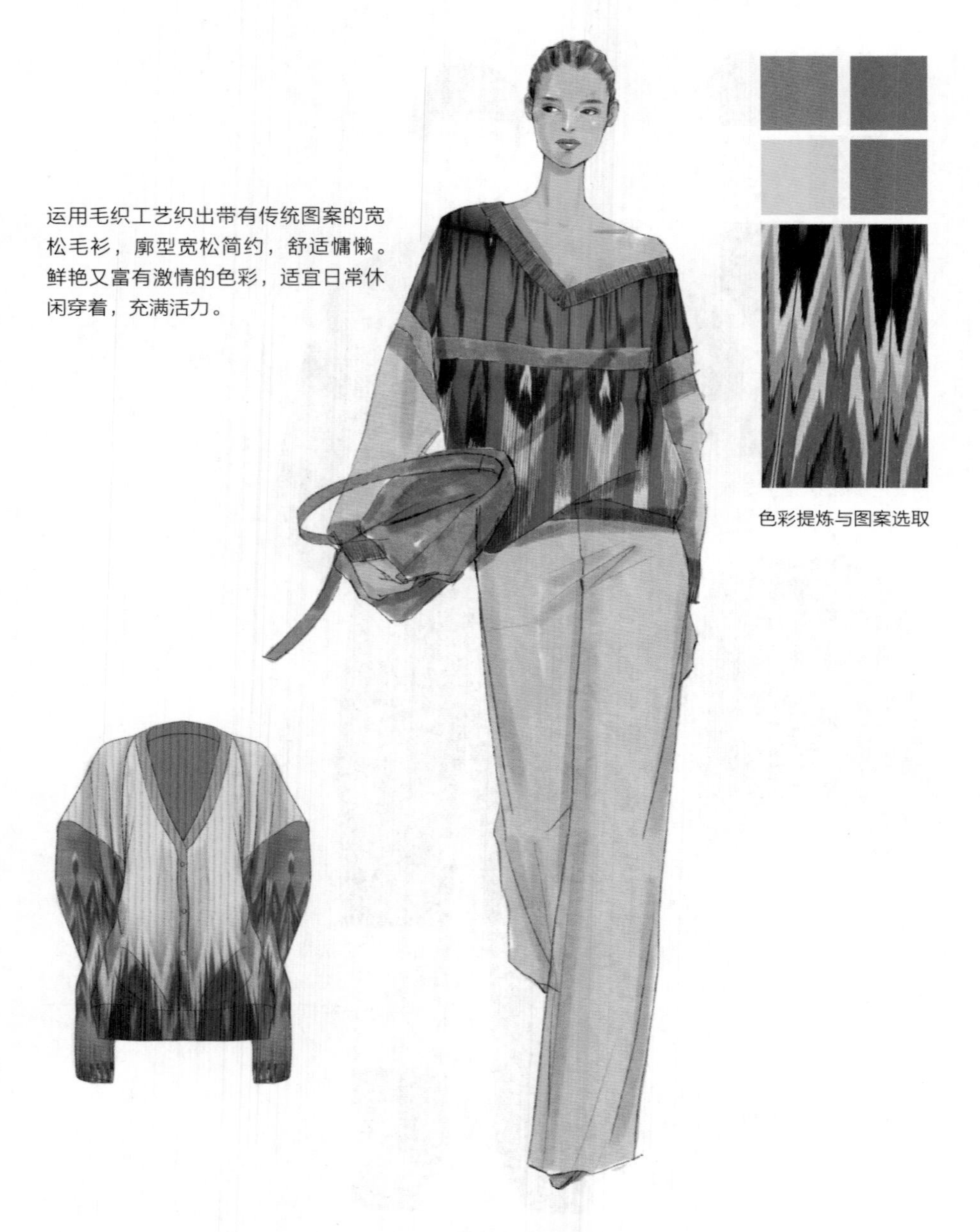

图 3-24　日常休闲系列 7

图 3-25 日常休闲系列 8

用相对复杂的艾德莱斯纹样的层次感给相对简约的款式增添亮点，在显眼的位置释放民族纹样的魅力。

图 3-26　日常休闲系列 9

图 3-27 日常休闲系列 10

第 2 组（图 3-28~ 图 3-34）

服装设计：王唯维
款式图绘制：曲佳璇、袁依晨

色彩提炼与图案选取

撞色艾德莱斯图案装饰的米色针织马甲与灯芯绒裤子相搭配，内搭浅蓝色衬衫，整体设计充满活力，舒适简约。

将艾德莱斯绸图案元素经过创新融入一年四季的休闲服装中，让服装独具特色与个性，在日常生活中感受异域文化风情，提升人们对多元文化的兴趣，让美好的民族文化得到保护与发扬。

图 3-28 日常休闲系列 11

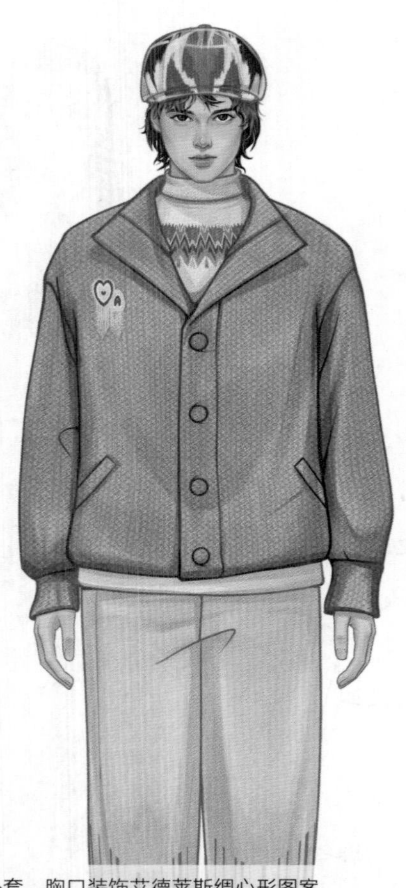

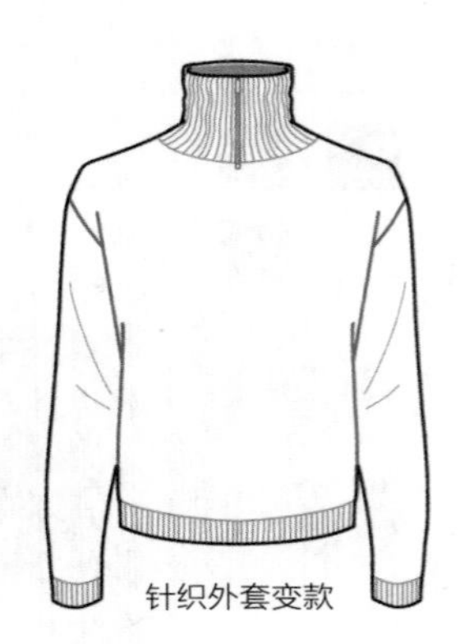

针织外套变款

天蓝色针织外套，胸口装饰艾德莱斯绸心形图案与流苏，简约有趣味性，内搭白色带花纹打底衫，与艾德莱斯绸花朵图案米色灯芯绒宽松直筒裤相配，舒适自然，和谐统一。

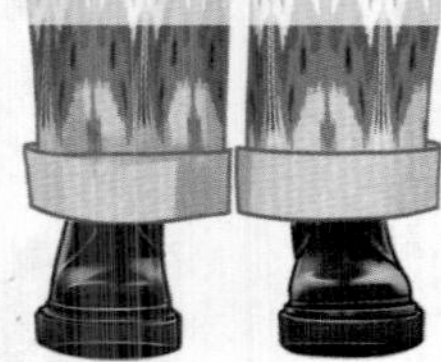

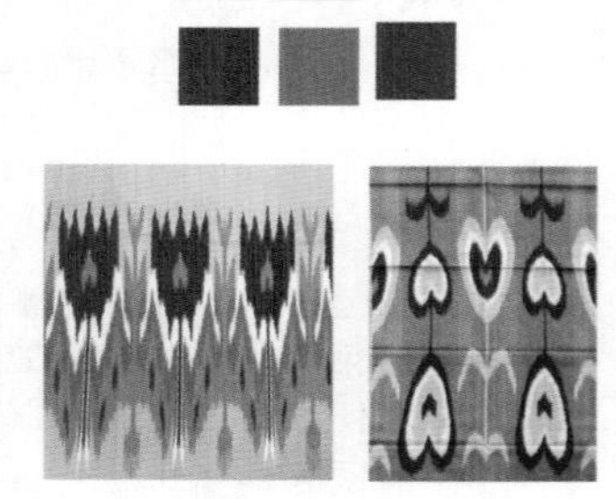

色彩提炼与图案选取

图 3-29　日常休闲系列 12

图 3-30　日常休闲系列 13

色彩提炼与图案选取

经过颜色调整的艾德莱斯绸折线图案更具时尚感，应用于硬挺廓形短外套。内搭米色连衣裙与黑色裤子。整体风格精神干练。

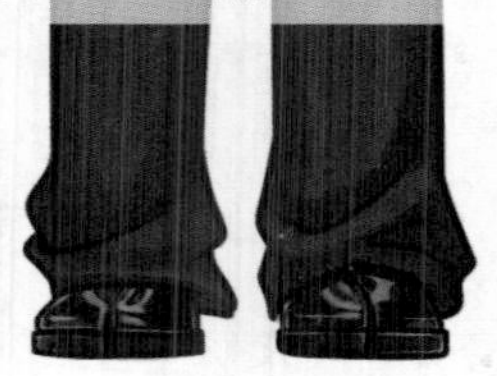

挎包变款

图 3-31　日常休闲系列 14

色彩提炼与图案选取

浅卡其色牛仔外套与鲜亮的折线形艾德莱斯绸图案卫衣叠穿，更加吸睛，适合都市潮男日常出行穿着。

图 3-32　日常休闲系列 15

色彩提炼

墨绿色中长款大衣用红黑黄色相间的花纹做局部装饰，内搭繁复花纹的复古感衬衫产生了对比和层次，儒雅与时尚感并存。

大衣用对比色花纹做装饰，腰部抽绳凸显身体曲线。内搭复古花纹连衣裙，腰部褶皱以及侧开衩设计增加了层次。整体造型优雅而不失活泼。

图 3-33　日常休闲系列 16A

图案选取

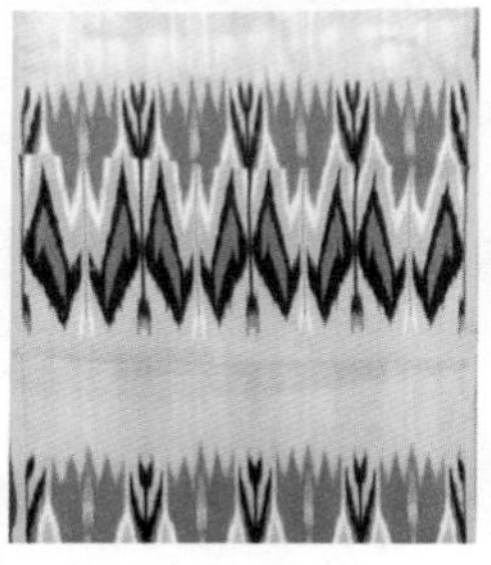

图 3-34　日常休闲系列 16B

3.1.3 乐活运动系列

提取艾德莱斯图案与运动服装风格相融合，结合当地气候环境，加入一些防风防晒、吸湿排汗等功能性设计，以时尚潮流的板型和款式重新演绎艾德莱斯图案的多样性，创造更适合年轻人穿着的全天候运动服装。

第 1 组（图 3-35~ 图 3-42）

服装设计：王媛媛
款式图绘制：李明旭、王驰翔

色彩提炼与图案选取

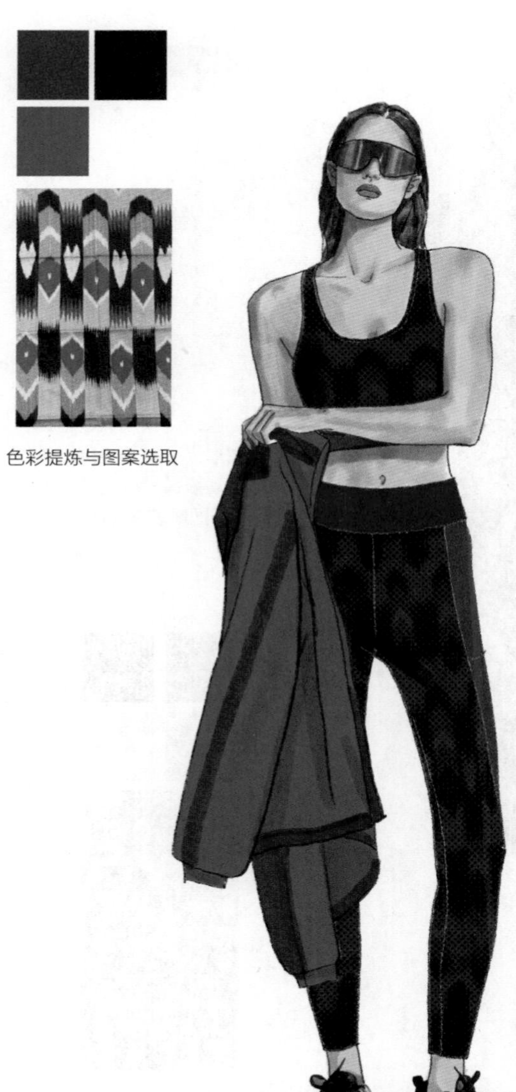

运动背心和紧身运动裤采用吸湿透气面料，满足运动需求。

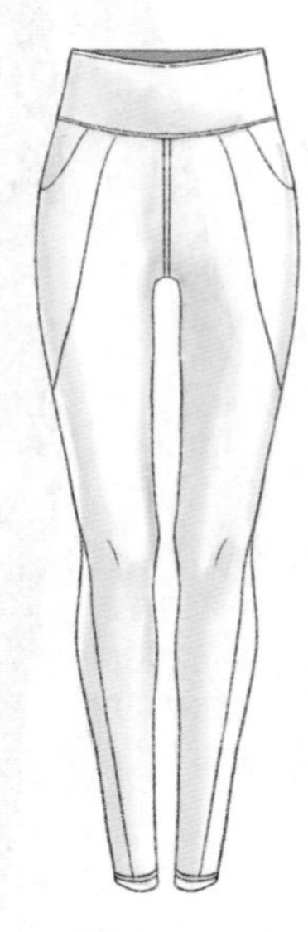

将图案进行了单色处理，并融入更具有现代特征的圆点图案，使图案更具有现代特色。色彩采用高饱和度的蓝色，突出运动风格。

图 3-35　乐活运动系列 1

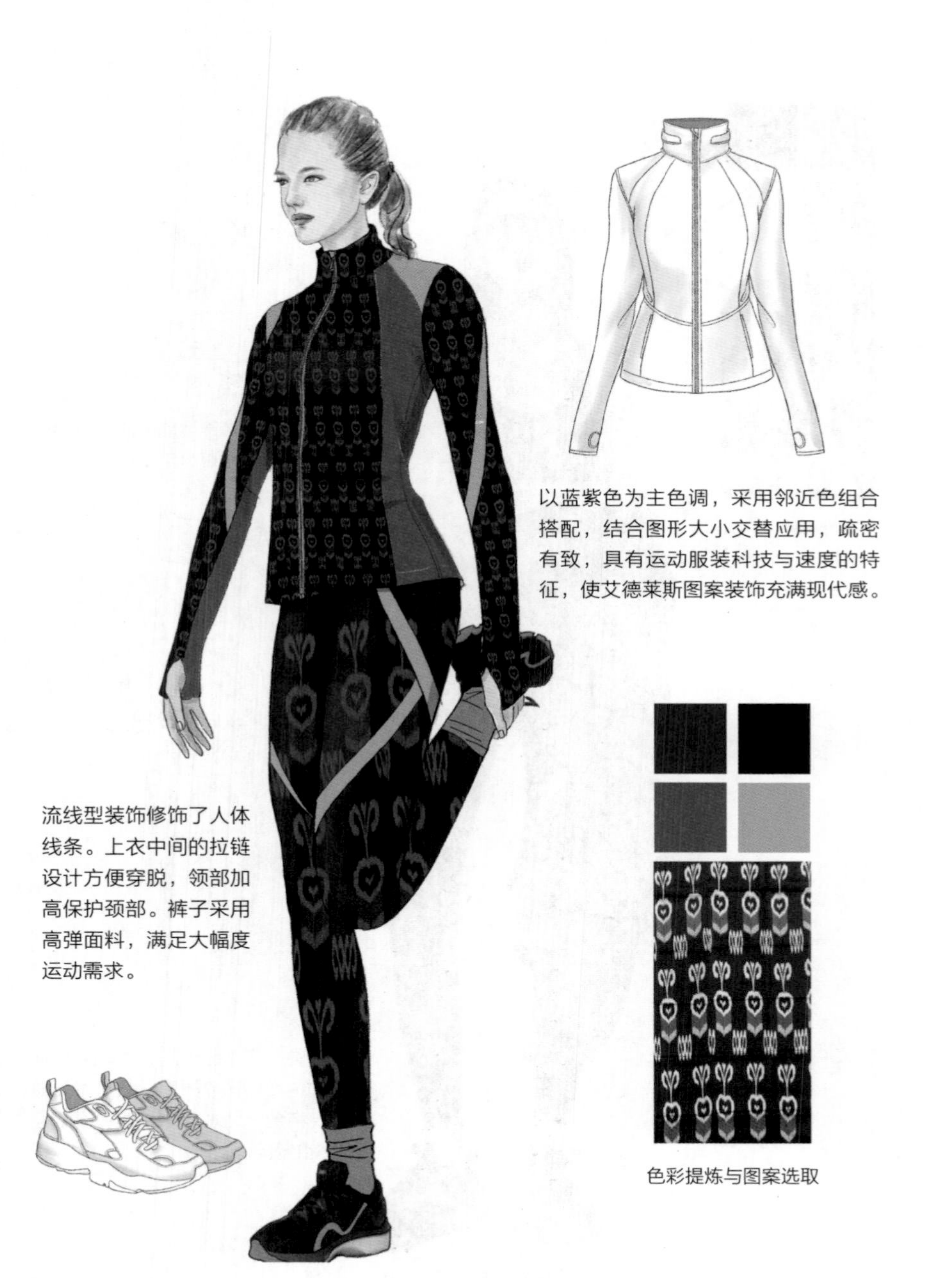

图 3-36 乐活运动系列 2

图 3-37 乐活运动系列 3

户外软壳外套结合渐变印染的艾德莱斯图案，充满活力又具有装饰性，时尚感十足。

色彩提炼与图案选取

户外运动的兴起，促使户外服装日渐丰富。机能外套与束脚运动裤是普遍的组合方式。这类服饰式样可以是艾德莱斯纹样尝试的一个应用方向。

图 3-38　乐活运动系列 4

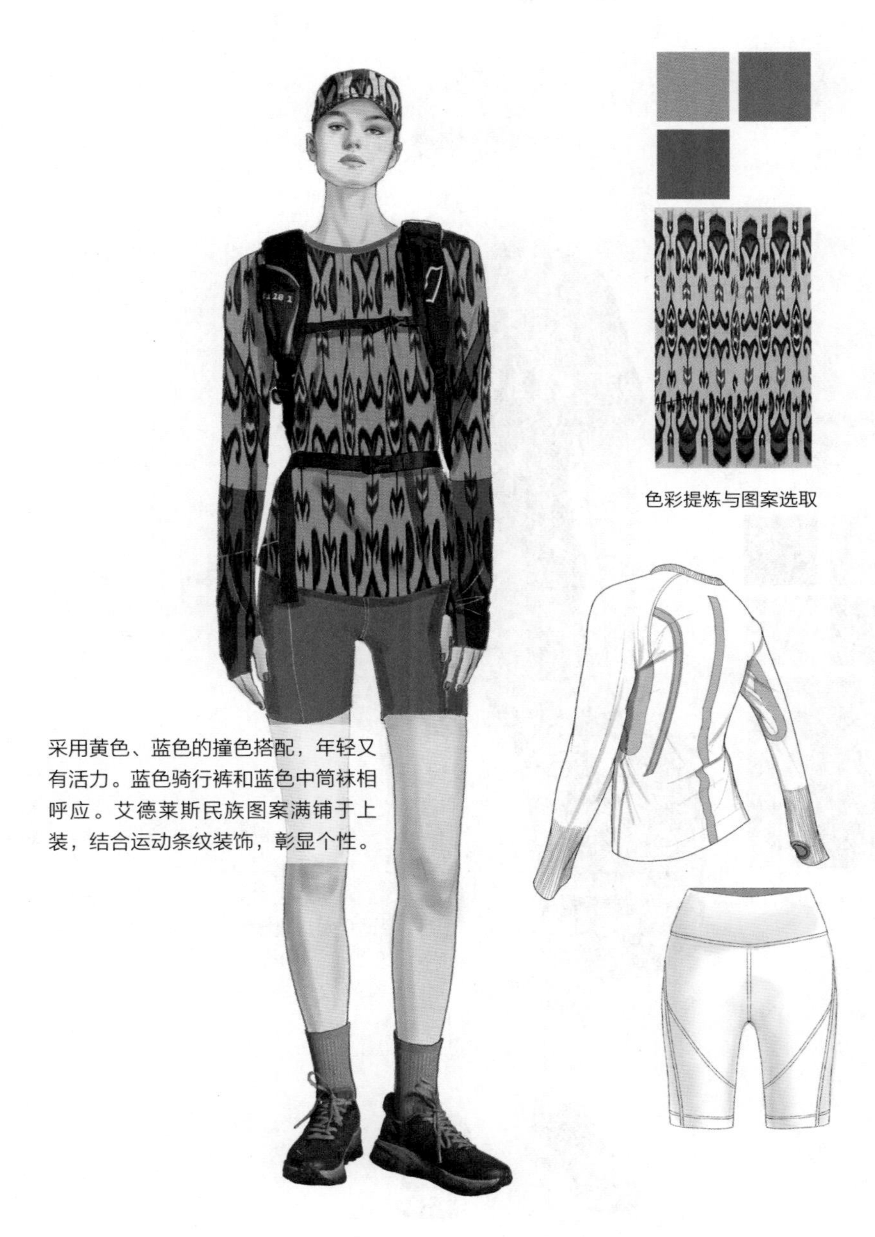

采用黄色、蓝色的撞色搭配，年轻又有活力。蓝色骑行裤和蓝色中筒袜相呼应。艾德莱斯民族图案满铺于上装，结合运动条纹装饰，彰显个性。

图 3-39 乐活运动系列 5

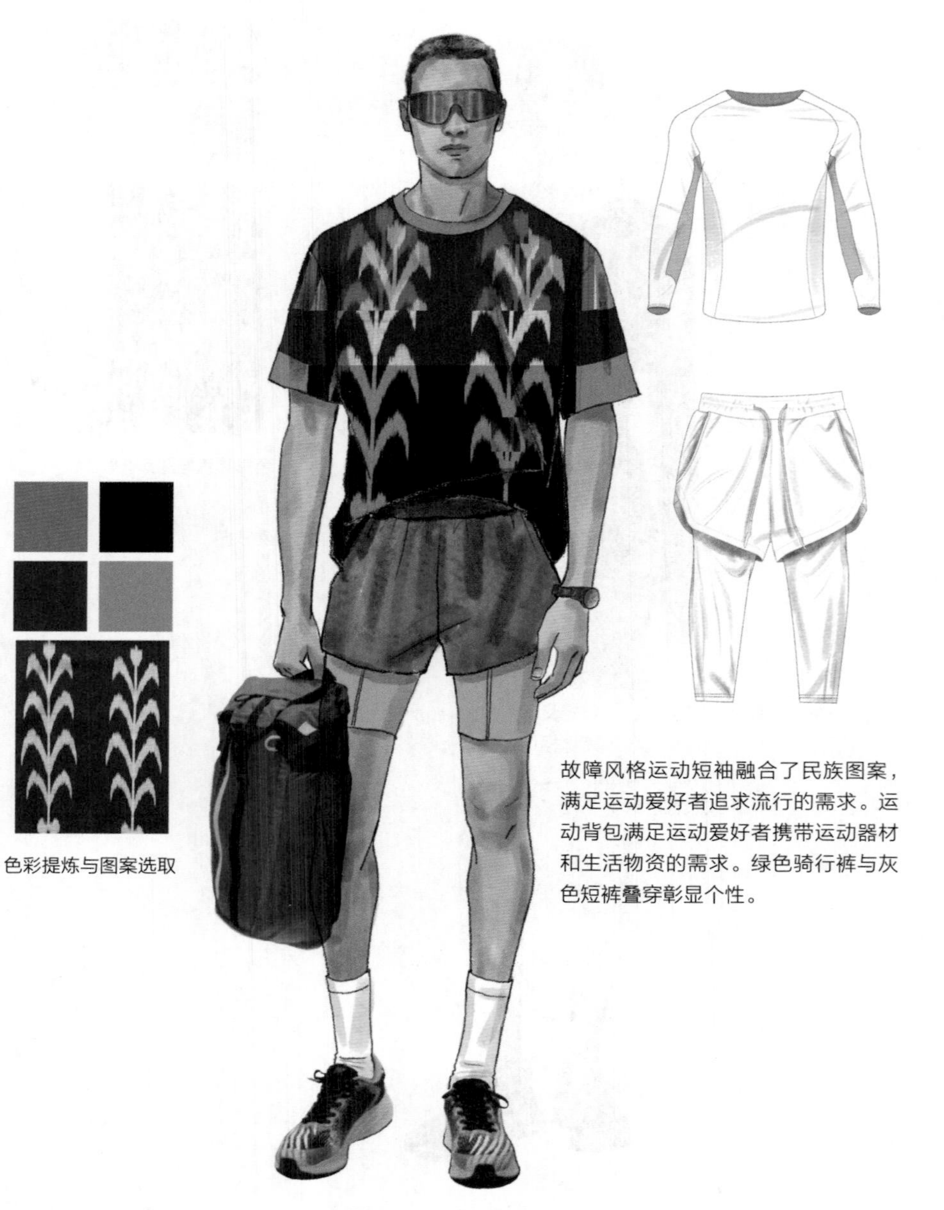

故障风格运动短袖融合了民族图案，满足运动爱好者追求流行的需求。运动背包满足运动爱好者携带运动器材和生活物资的需求。绿色骑行裤与灰色短裤叠穿彰显个性。

图 3-40　乐活运动系列 6

图 3-41　乐活运动系列 7

图 3-42　乐活运动系列 8

第 2 组（图 3-43~图 3-46）

服装设计：杜雨桐、汪丽群
款式图绘制：杜雨桐

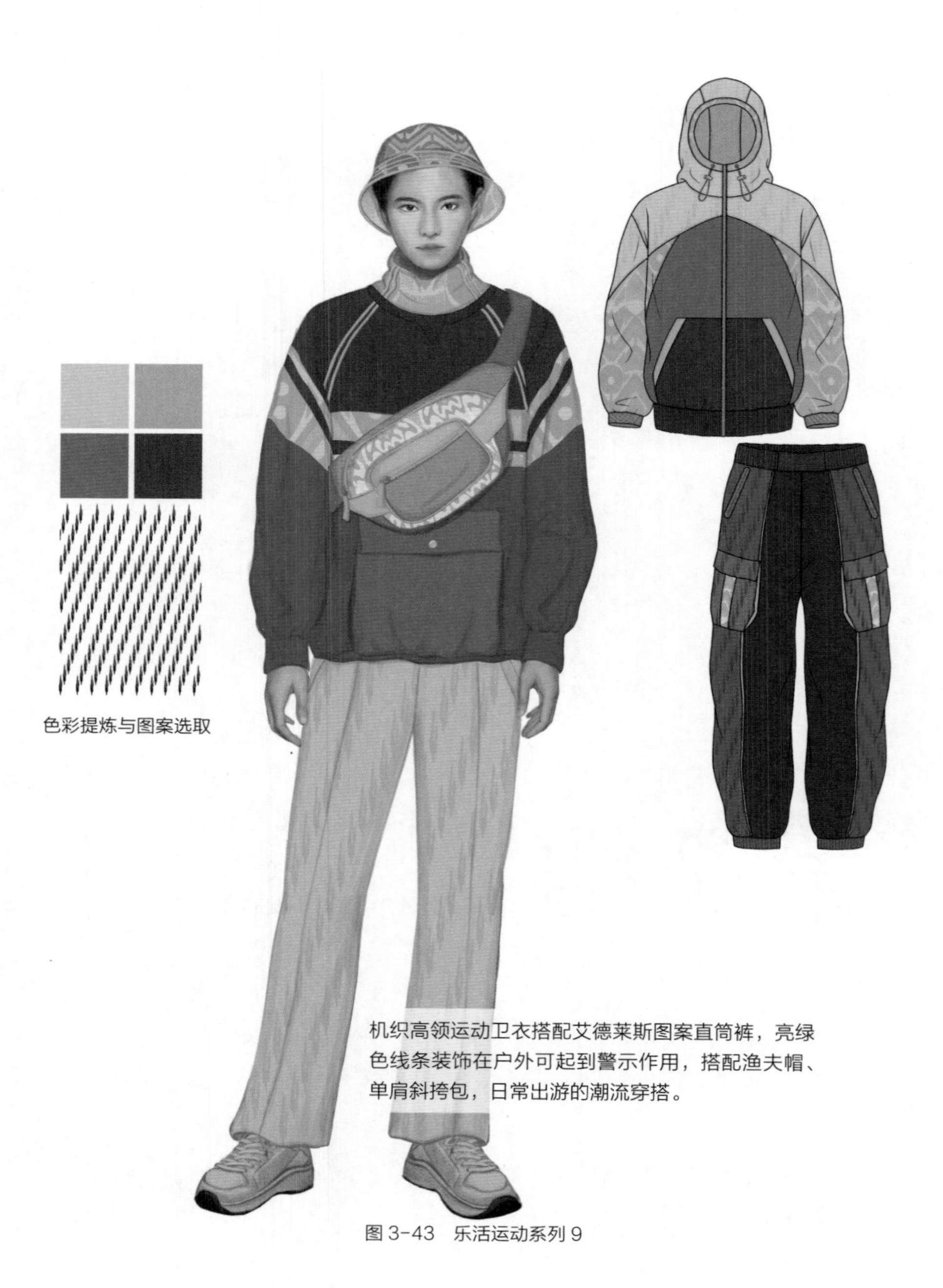

机织高领运动卫衣搭配艾德莱斯图案直筒裤，亮绿色线条装饰在户外可起到警示作用，搭配渔夫帽、单肩斜挎包，日常出游的潮流穿搭。

图 3-43 乐活运动系列 9

图 3-44　乐活运动系列 10

图 3-45　乐活运动系列 11

满印拼接收腰派克服与深蓝色拼接束脚裤，打破秋冬服装的臃肿感，修饰女性身材的同时更便于运动时穿着，保暖又时髦。

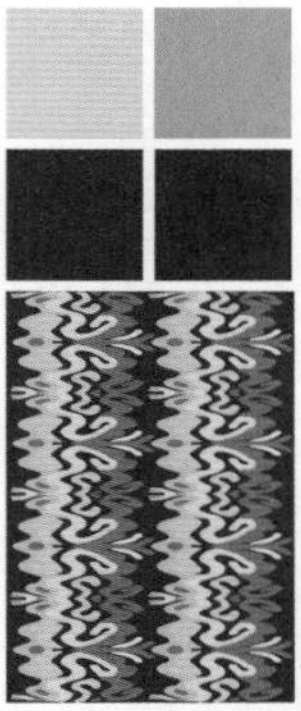

色彩提炼与图案选取

图 3-46　乐活运动系列 12

第 3 组（图 3-47~ 图 3-54）

服装设计：秦瀚文、汪丽群
款式图绘制：秦瀚文

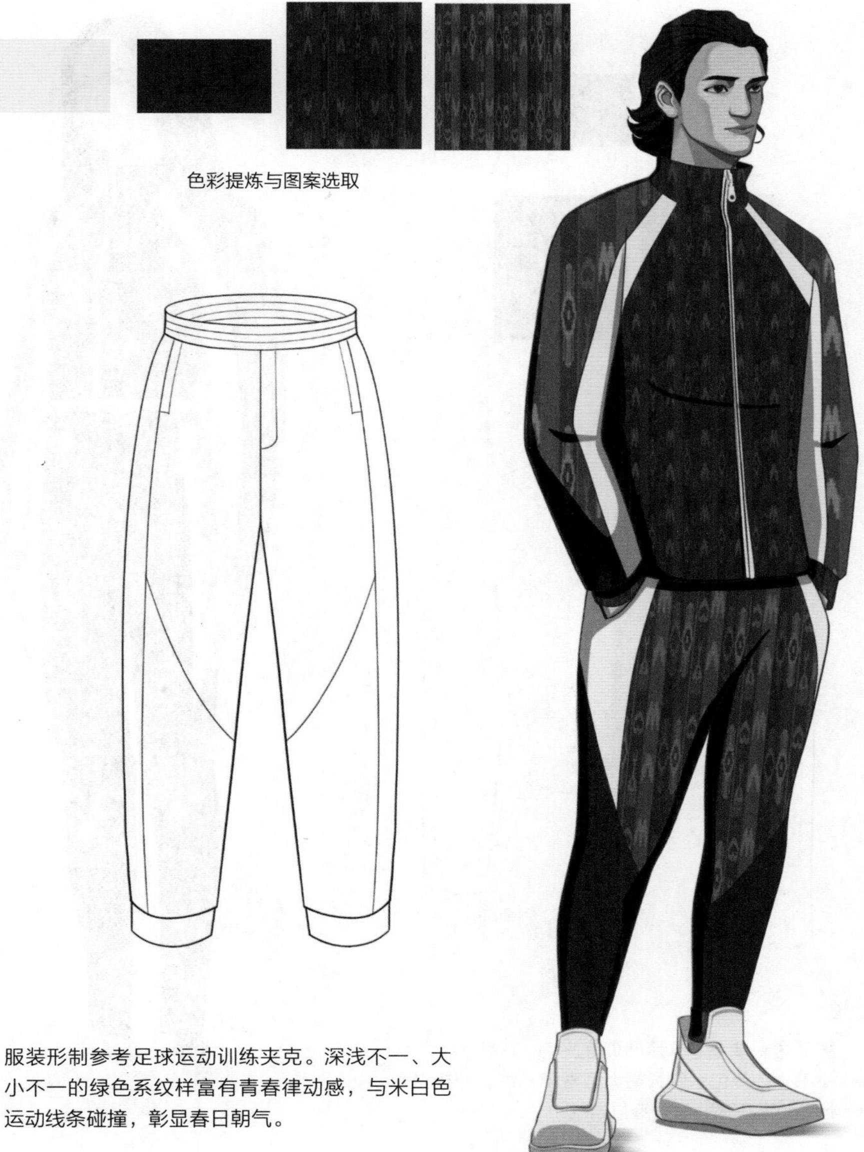

服装形制参考足球运动训练夹克。深浅不一、大小不一的绿色系纹样富有青春律动感，与米白色运动线条碰撞，彰显春日朝气。

图 3-47 乐活运动系列 13

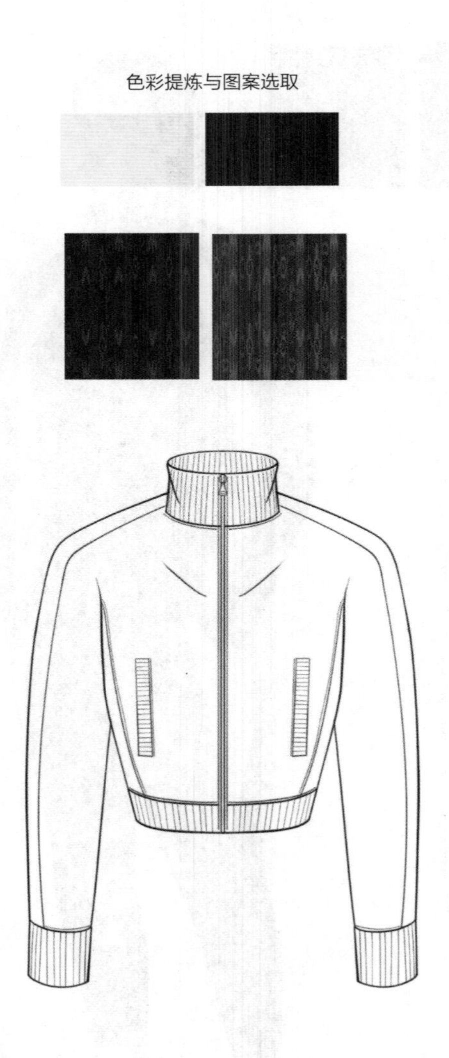

服装形制参考足球运动训练夹克。深浅不一、大小不一的绿色系纹样富有青春律动感，与米白色运动线条碰撞，彰显春日朝气。

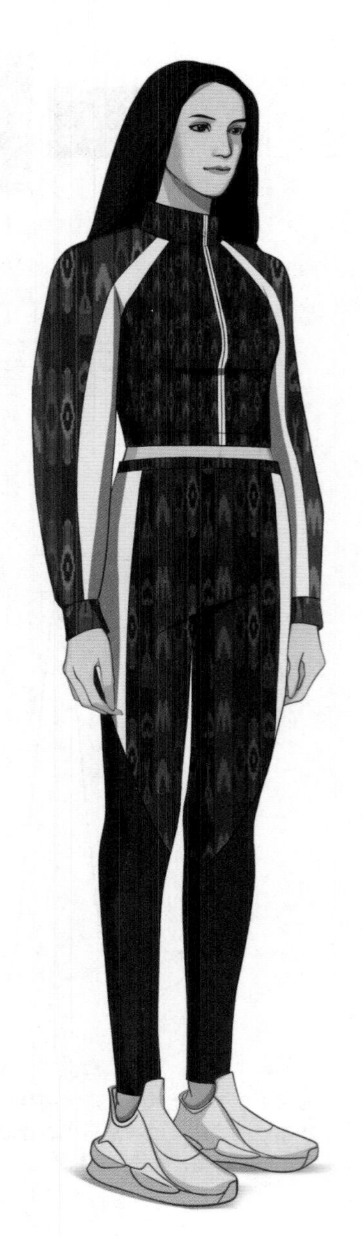

图 3-48　乐活运动系列 14

演变款短裙

服装形制参考足球运动服、网球服。蓝色系纹样与白色运动线条碰撞，给人带来夏日清凉感与专业竞技的代入感。为凸显身材，女款衣身采用曲线分割。

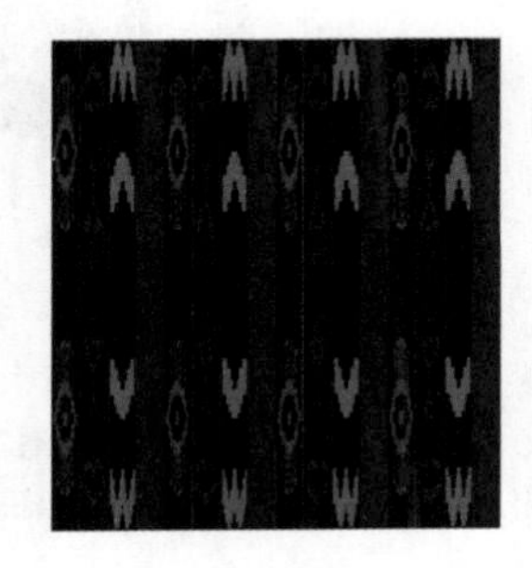

图案选取

图 3-49 乐活运动系列 15

服装形制参考足球运动服、网球服，男款全部采用直线分割。蓝色系纹样与白色运动线条碰撞，给人带来夏日清凉感与专业竞技的代入感。

演变款短裤

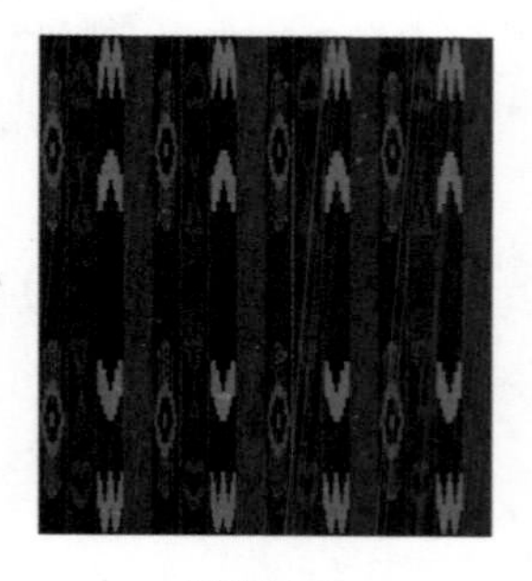

图案选取

图 3-50　乐活运动系列 16

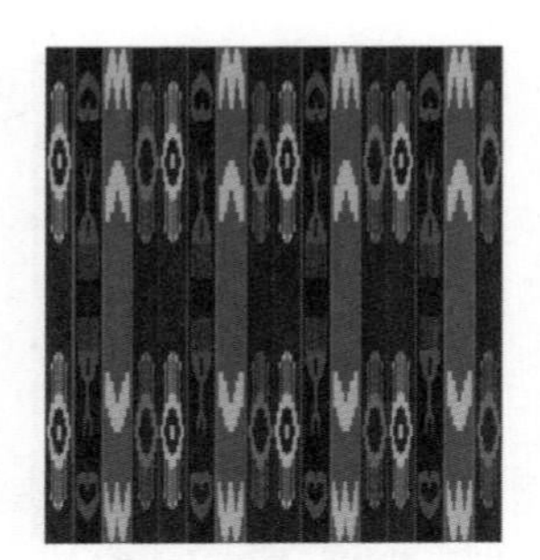

图案选取

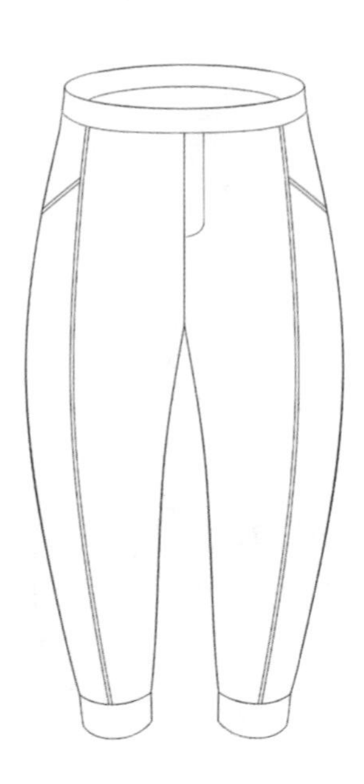

抽绳、收紧袖口、可收纳帽子等元素的加入使服装满足防晒、防虫、跑步等户外运动需求。紫色系纹样映衬出秋季硕果的丰收景象。

图 3-51 乐活运动系列 17

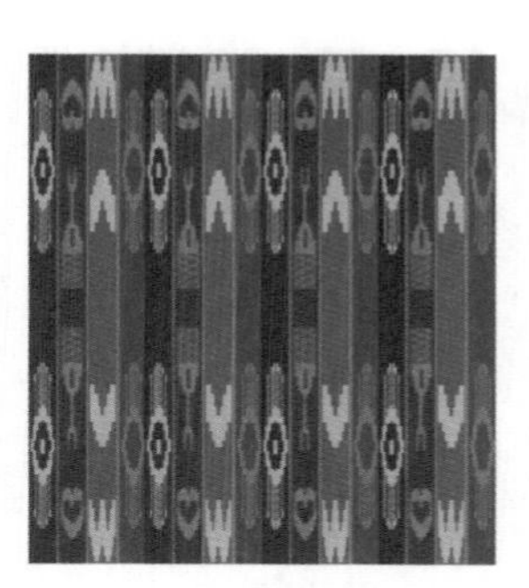

图案选取

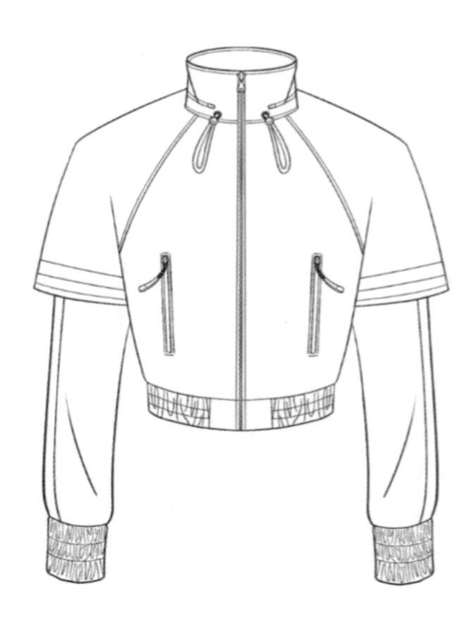

抽绳、收紧袖口、可收纳帽子等元素的加入使服装满足防晒、防虫、跑步等户外运动需求。紫色系纹样映衬出秋季硕果的丰收景象。

图 3-52　乐活运动系列 18

极具辨识度的橘色纹样不仅给人视觉上的冲击，更有冬日难得的温暖感受，斜向的分割更体现出这款服装能够担当冬季滑雪服装的使命。色块的碰撞与收腰更为其增添了时尚表达。

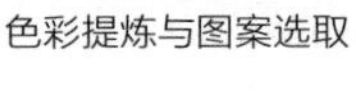

色彩提炼与图案选取

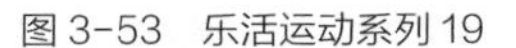

图 3-53　乐活运动系列 19

极具辨识度的橘色纹样不仅给人视觉上的冲击，更有冬日难得的温暖感受，斜向的分割更体现出这款服装能够担当冬季滑雪服装的使命。色块的碰撞与收腰更为其增添了时尚表达。

图 3-54　乐活运动系列 20

3.2 商务着装

3.2.1 商务正装系列

本系列是基于新疆维吾尔族传统服饰的结构和细节等特点，运用和田地区传统艾德莱斯绸和精纺丝毛面料设计开发的系列公务服装。根据四季需求有针对性地开发了男、女服装及服饰共6套设计方案（图3-55～图3-60）。

服装设计：汪丽群
款式图绘制：曲佳璇

双排扣青果领男西服套装。衬衫领型的选择源于维吾尔族男子传统长袍（袷袢）和衬衫的领型特点。搭配传统艾德莱斯丝巾。外套嵌边提亮设计使整套服装看起来严肃、传统却不守旧。

双排扣无领女西服套装。外套采用传统艾德莱斯绸与精纺丝毛面料拼接的手法和双层兜盖设计（内层兜盖材质为艾德莱斯绸），将艾德莱斯绸巧妙融入现代正装形制。内搭衬衫借鉴传统艾德莱斯裙的大领特点，采用了大翻领设计，与无领西服相搭配，既时尚又不失传统味道。中长款修身设计沉稳、端庄，适于秋冬季节穿着。

图 3-55　商务正装系列 1

图 3-56　商务正装系列 2

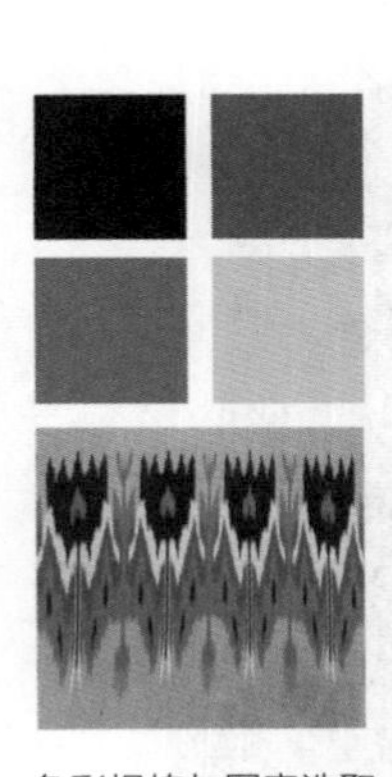

色彩提炼与图案选取

假两件连衣裙（适用春、秋季节）

图 3-57 商务正装系列 3

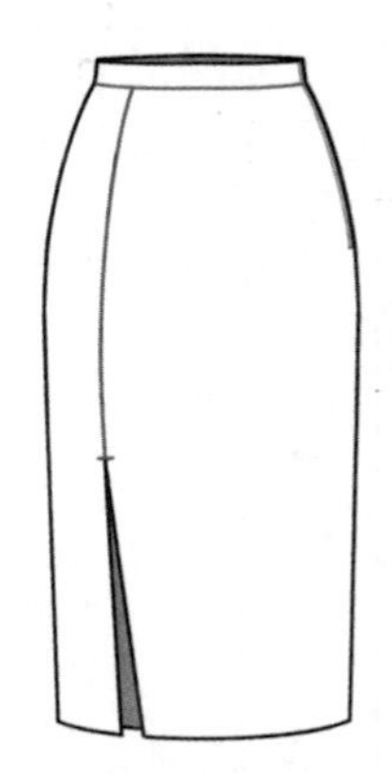

开衩半裙（适用夏季）

图 3-58 商务正装系列 4

双排扣无领齐腰短夹克，同样采用了传统艾德莱斯绸和丝毛面料拼接的设计手法。下装搭配装饰有双层兜盖的高腰阔腿西裤。整体造型干练、洒脱。

图 3-59 商务正装系列 5

同系列内搭马甲

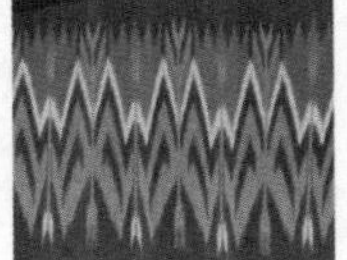

色彩提炼与图案选取

青果领双排两粒扣西服套装。外套和衬衫沿用维吾尔族男子传统长袍（袷袢）和衬衫的领型特点。扣子数量的减少使整体造型看起来更加轻便，适于较为轻松的场合穿着。

图 3-60 商务正装系列 6

3.2.2 时尚商务系列

本系列运用新疆和田地区的艾德莱斯绸元素，将具有明显民族特征的艾德莱斯图案与现代服装廓形款式相结合，融入当代商务着装的语境之中。

第1组（图3-61~图3-70）

服装设计：王媛媛、汪丽群
款式图绘制：王驰翔

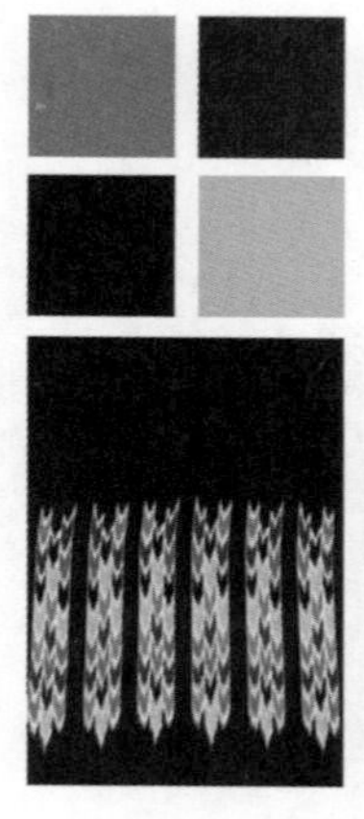

色彩提炼与图案选取

顺滑的艾德莱斯丝绸衬衫，以紫灰调为主的邻近色色彩关系，使商务着装整体严谨而不沉闷。高档精仿羊毛面料通过简约而高级的裁剪制成无领西装，搭配高领衫、衬衫进行多层叠加穿搭。

图 3-61 时尚商务系列 1

图 3-62　时尚商务系列 2

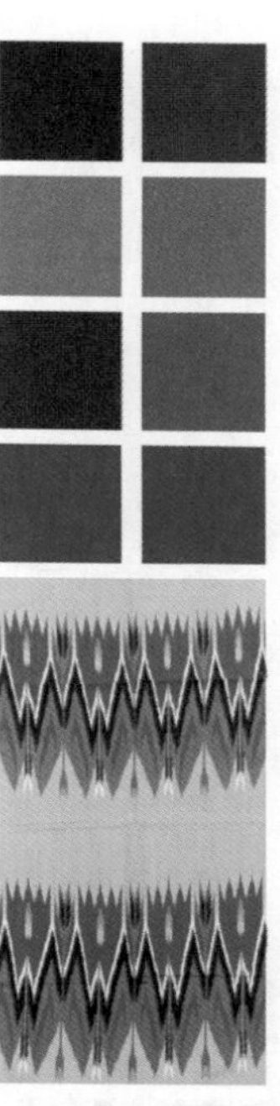

色彩提炼与图案选取

提取图案中的固有色彩结合流行色，运用纯色拼接针织衫与艾德莱斯纹样装饰的裹裙，将民族风情与时尚潮流巧妙结合，整体着装端庄修长，适宜商务场景着装。

图 3-63 时尚商务系列 3

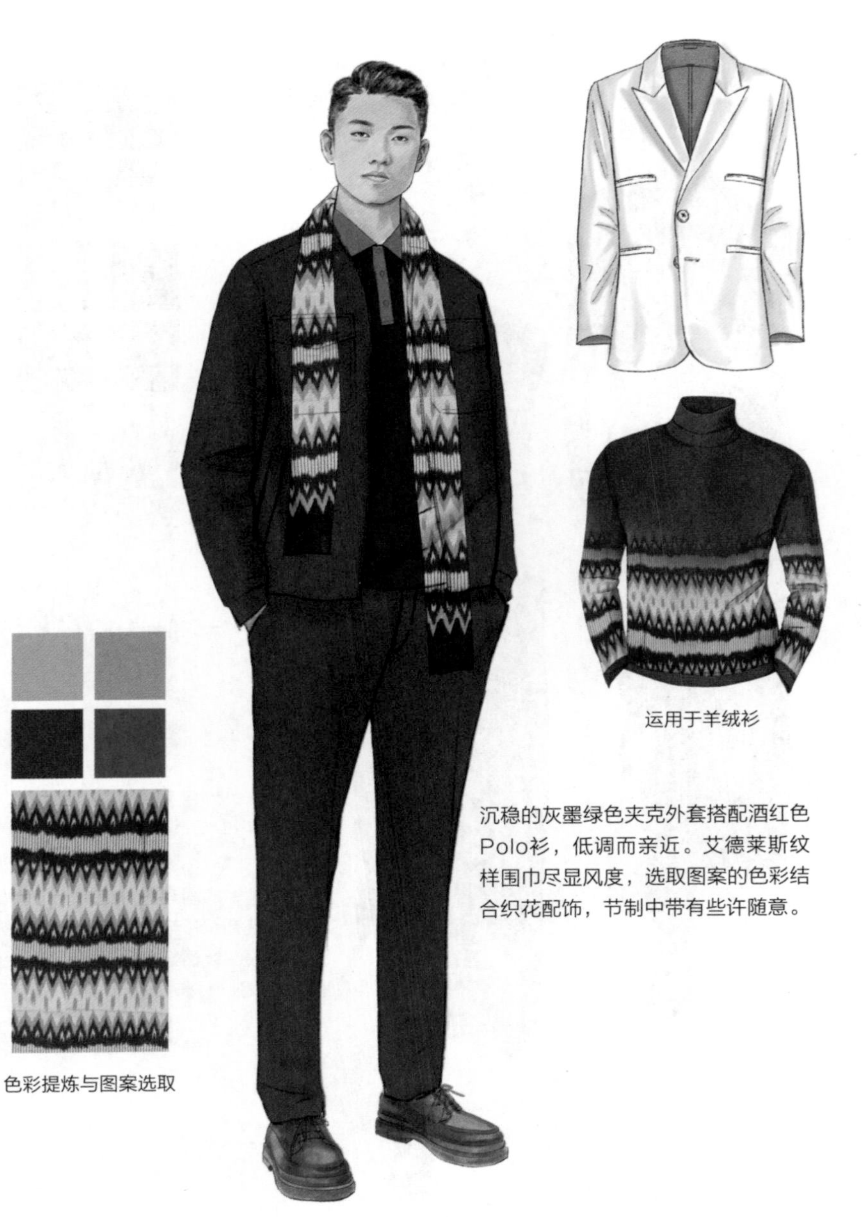

沉稳的灰墨绿色夹克外套搭配酒红色Polo衫，低调而亲近。艾德莱斯纹样围巾尽显风度，选取图案的色彩结合织花配饰，节制中带有些许随意。

图 3-64　时尚商务系列 4

莫兰迪色系流畅线条的西装搭配赭石色印花轻薄衬衫式内搭，材质上形成丰富的对比。色彩搭配上高级而具有中国传统色彩美感，并将这些元素与现代休闲商务完美融合。

图 3-65　时尚商务系列 5

图 3-66　时尚商务系列 6

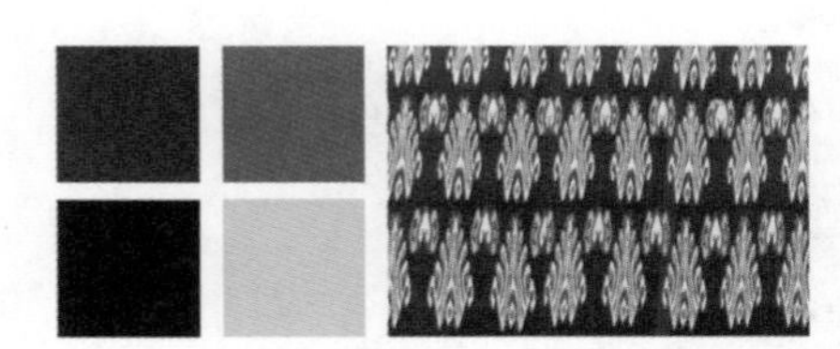

色彩提炼与图案选取

过膝深棕色毛呢大衣搭配艾德莱斯丝绸长连衣裙。文艺气息扑面而来，充满个性与趣味。传统服饰与当代服饰巧妙结合。

插肩袖多层门襟浴袍款大衣，渐变提花艾德莱斯图案，具有文艺气质。

图 3-67 时尚商务系列 7

色彩关系相对简单的图案重复应用于衬衫款式，搭配商务风格的毛呢外套和水洗紧身牛仔裤，整体搭配干练而不拘谨，同时将民族元素更为自然地融入当代款式之中。

图 3-68　时尚商务系列 8

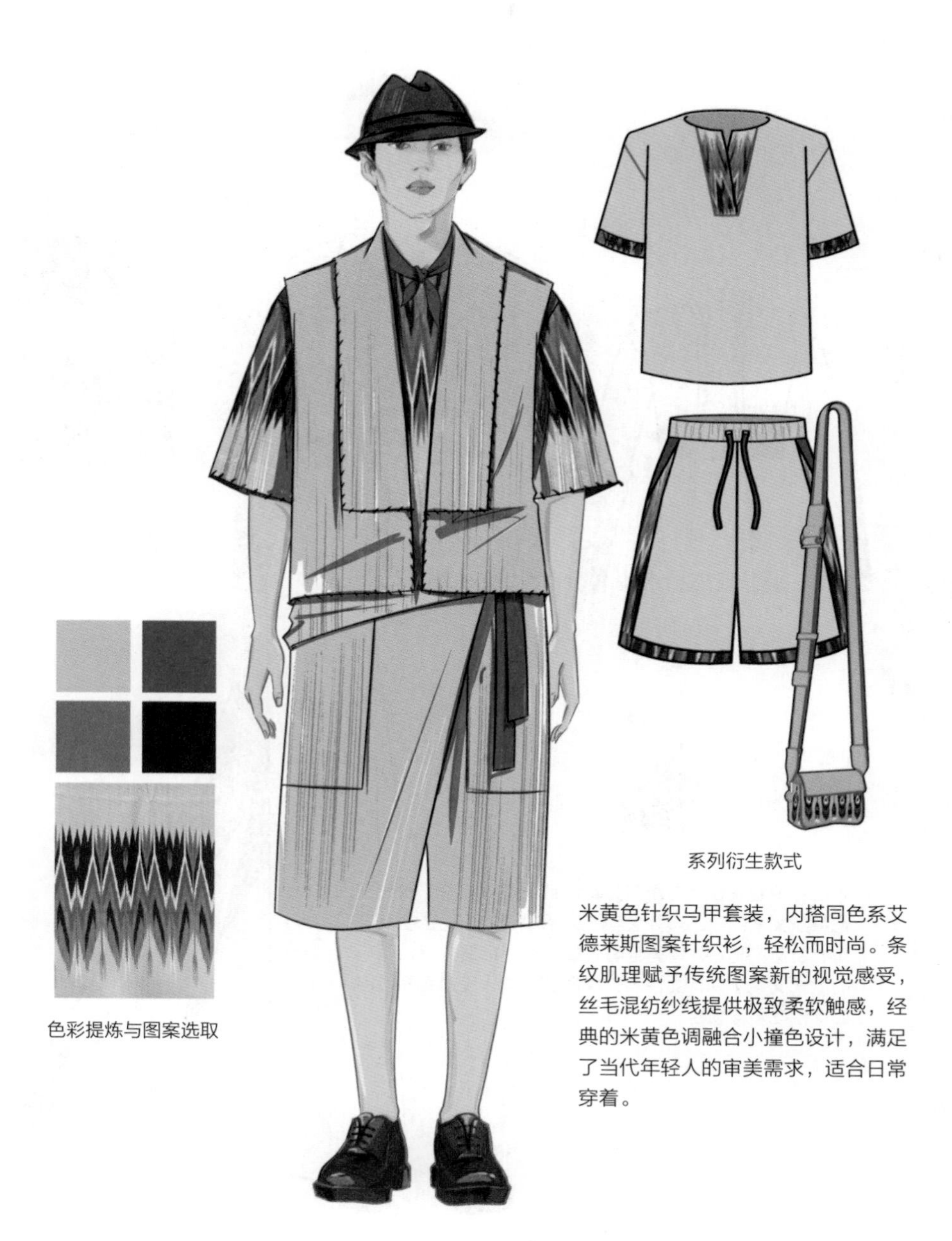

米黄色针织马甲套装，内搭同色系艾德莱斯图案针织衫，轻松而时尚。条纹肌理赋予传统图案新的视觉感受，丝毛混纺纱线提供极致柔软触感，经典的米黄色调融合小撞色设计，满足了当代年轻人的审美需求，适合日常穿着。

图 3-69　时尚商务系列 9

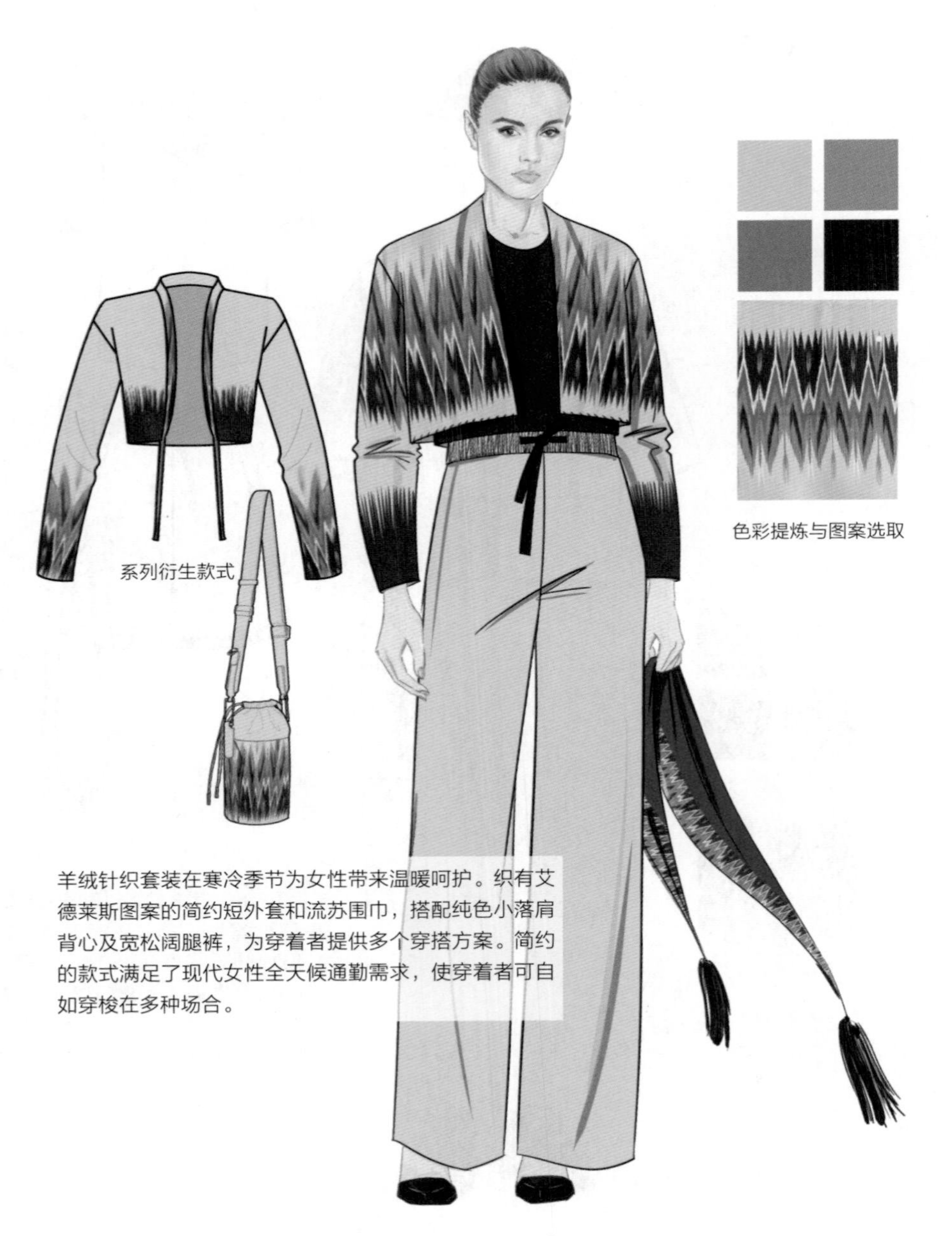

羊绒针织套装在寒冷季节为女性带来温暖呵护。织有艾德莱斯图案的简约短外套和流苏围巾，搭配纯色小落肩背心及宽松阔腿裤，为穿着者提供多个穿搭方案。简约的款式满足了现代女性全天候通勤需求，使穿着者可自如穿梭在多种场合。

图 3-70　时尚商务系列 10

本系列图案元素主要采用对称、聚散、分割的构成手法，植物纹样搭配几何纹样，造型简洁且丰富，直观地展现了新疆和田地区的民俗生活，体现了新疆人民崇尚自然和谐的信仰。

第 2 组（图 3-71~ 图 3-82）

服装设计：袁梦、汪丽群
款式图绘制：袁依晨、曲佳璇

连体裤演变大衣款

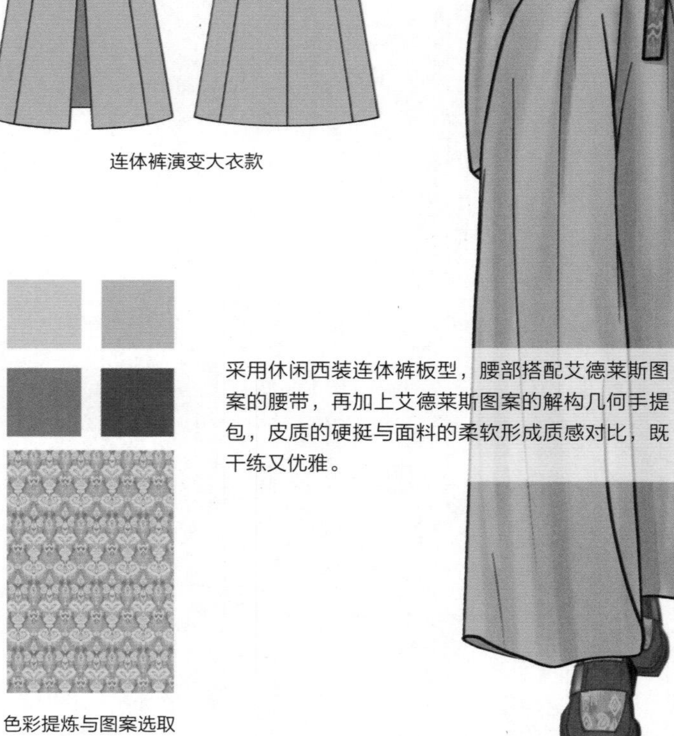

采用休闲西装连体裤板型，腰部搭配艾德莱斯图案的腰带，再加上艾德莱斯图案的解构几何手提包，皮质的硬挺与面料的柔软形成质感对比，既干练又优雅。

色彩提炼与图案选取

图 3-71　时尚商务系列 11

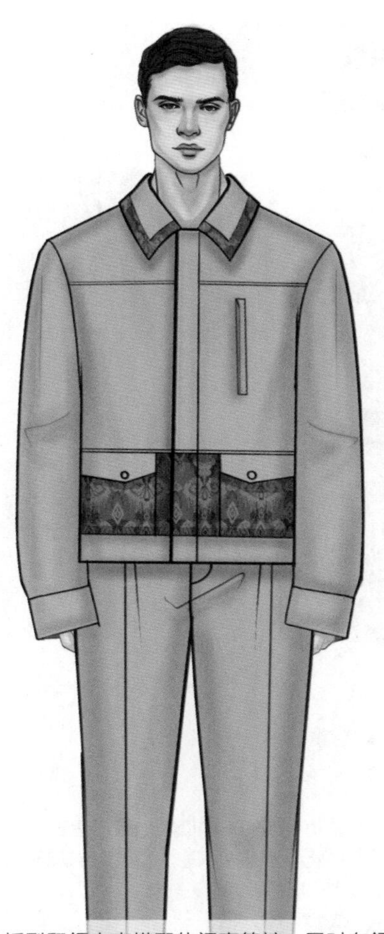

夹克演变款

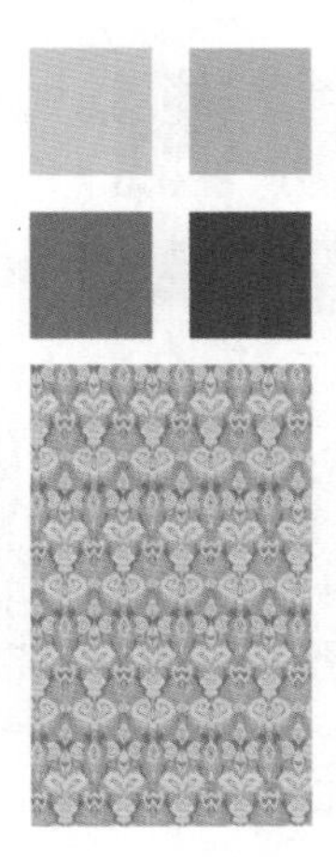

色彩提炼与图案选取

修身板型翻领夹克搭配休闲直筒裤，同时在领子与口袋处加入艾德莱斯图案元素来做拼接设计，集时尚商务和设计感于一体。

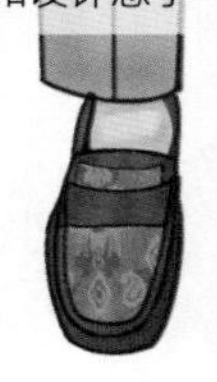

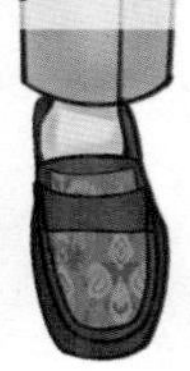

图 3-72 时尚商务系列 12

图 3-73　时尚商务系列 13

暖棕色系的打褶高领衬衫，搭配同色系西装裤，同时在领子、袖口、裤脚处做艾德莱斯图案拼接，简约大气，将时尚与商务通勤完美融合。

图 3-74 时尚商务系列 14

将马面裙与连体裤的造型相结合，侧腰拼接艾德莱斯图案的打褶工艺，腰部搭配艾德莱斯图案的绑带腰带，时尚而干练。

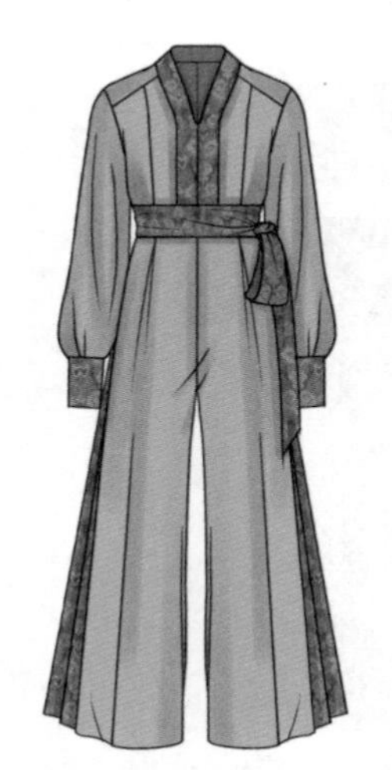

衬衫连体裤演变为 V 领连衣裤

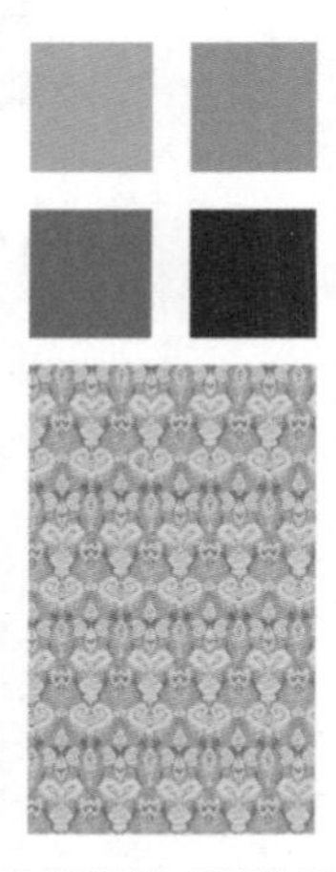

色彩提炼与图案选取

图 3-75　时尚商务系列 15

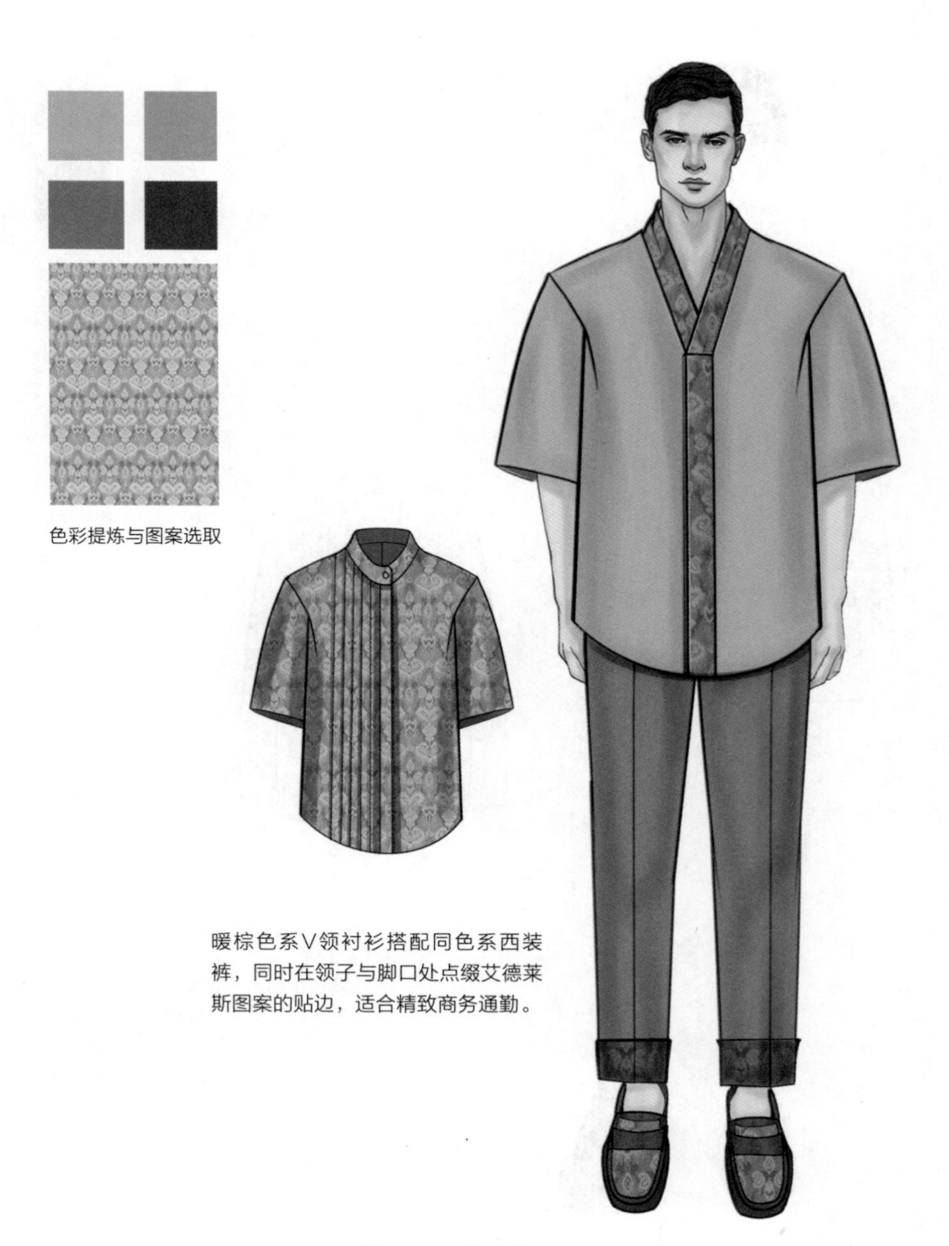

图 3-76 时尚商务系列 16

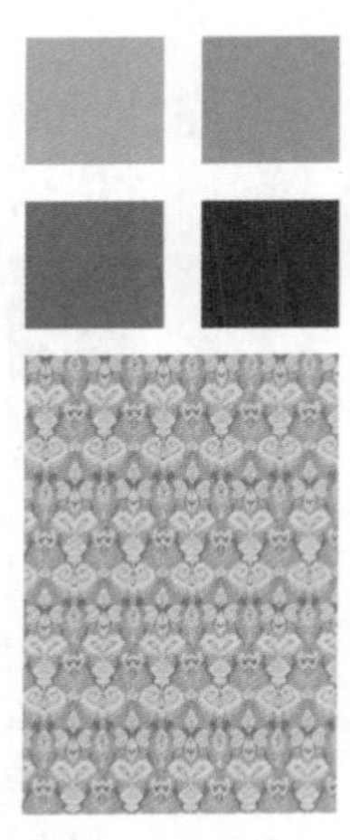

色彩提炼与图案选取

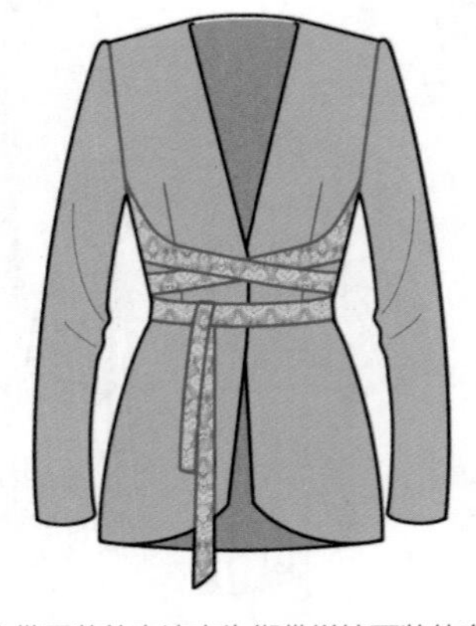

皮带西装外套演变为绑带拼接西装外套

大地色系的无领收腰西装外套，搭配同色系艾德莱斯图案的不对称打褶半裙，搭配深棕色皮质腰带和短筒靴，形成质感对比,玩转时尚与简约职场穿搭。

图 3-77　时尚商务系列 17

无领宽松西装外套演变为中山装修身外套

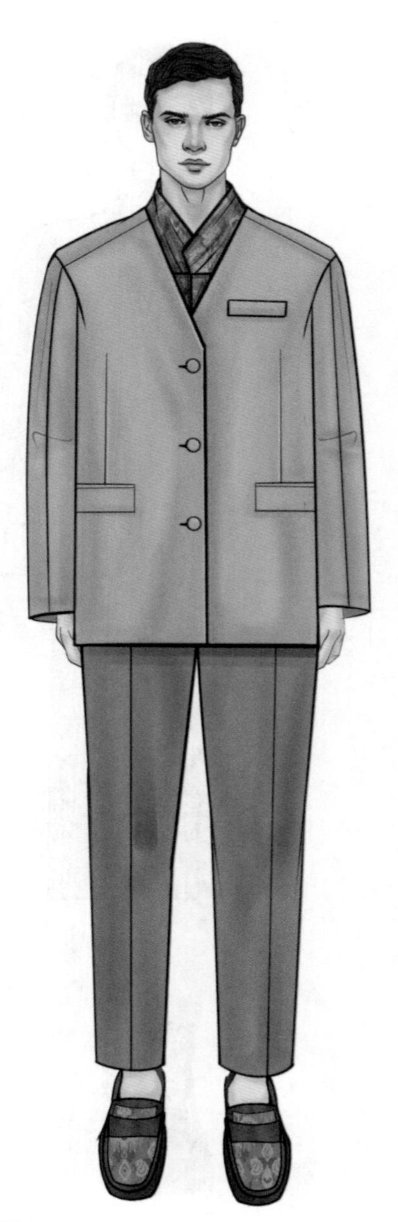

大地色系的无领宽松西装外套，内搭同色系艾德莱斯图案的高领衬衫，为商务通勤带来了时髦感。

色彩提炼与图案选取

图 3-78 时尚商务系列 18

立领大地色系的毛呢外套，内搭V领打褶工艺的收腰连衣裙，不同材质的碰撞，丰富了视觉效果，同时兼容了时尚与正式这两种风格。

拼接打褶连衣裙

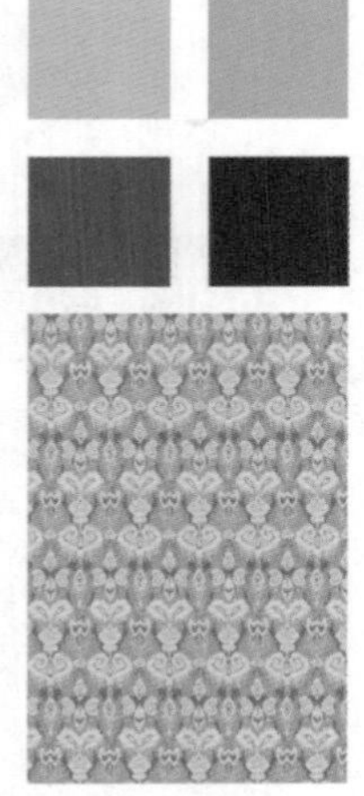

色彩提炼与图案选取

图 3-79　时尚商务系列 19

立领大地色系的毛呢外套内搭打褶V领的艾德莱斯衬衫上衣，搭配同色系直筒裤，完美演绎了时尚商务的氛围感。

对襟外套演变斜襟外套

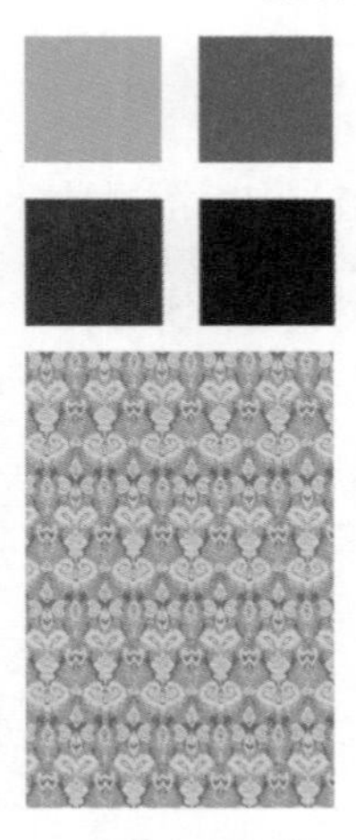

色彩提炼与图案选取

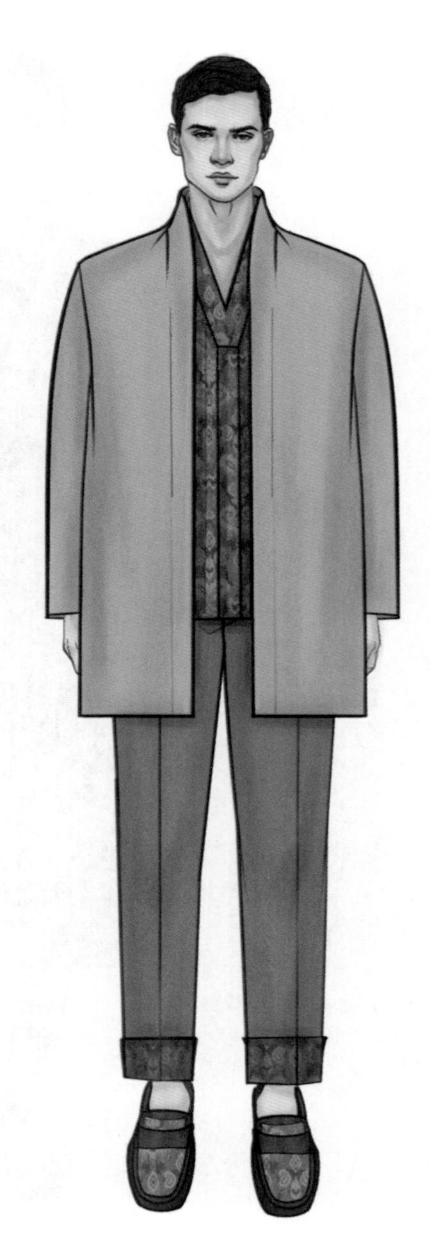

图3-80 时尚商务系列20

图 3-81　时尚商务系列 21

马甲外套演变西装外套

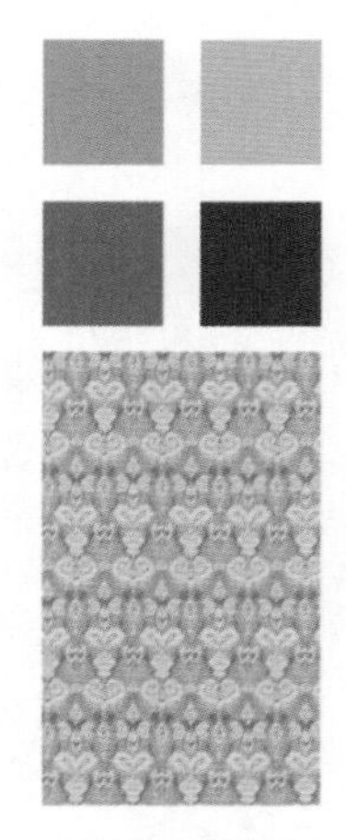

色彩提炼与图案选取

深棕色的艾德莱斯坎肩外套，采用不对称的设计手法，打破常规廓型，内搭同色系高领呢子长大衣，既端庄又不失时尚感。

图 3-82 时尚商务系列 22

3.3 校园着装

3.3.1 校园制服系列

本系列设计主题是学生制服国际化，以新疆和田地区的文化与气候为灵感进行四季学生制服的设计（图 3-83 ~图 3-98）。

服装设计：陈泽嘉、汪丽群
款式图绘制：袁依晨、曲佳璇

图 3-83 校园制服系列 1

图 3-84　校园制服系列 2

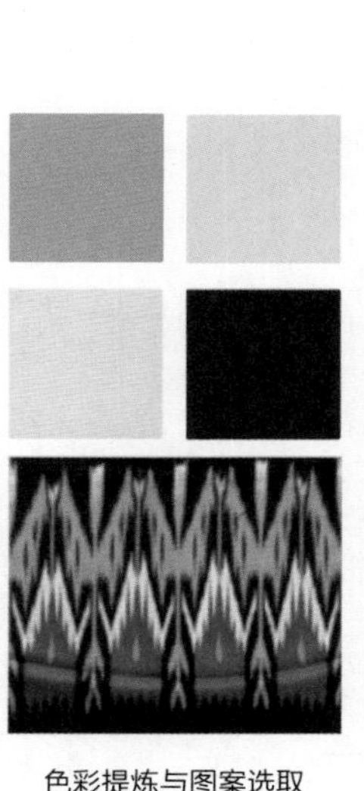

色彩提炼与图案选取

本款为春季男装系列2，整体色彩与女装相呼应，对比色强烈碰撞，整体更具活力。

图 3-85 校园制服系列 3

本款为春季女装系列2，小立领、单褶裙款式干净利落，马甲运用高饱和度色彩跳出单调，搭配条纹顺色发箍，有点睛之笔的作用。

色彩提炼与图案选取

图 3-86　校园制服系列 4

色彩提炼与图案选取

本款为夏季男装系列1，色调与女装一样采用绿色为主调，浅黄色为点缀色。白色衬衫袖口顺色装饰边，西装格子纹短裤，搭配小领带，添几分仪式感的同时充分彰显男生阳光活力的形象。

图 3-87 校园制服系列 5

色彩提炼与图案选取

本款为夏季女装系列1，款式采用假两件设计，掐腰背带裙形式让原本的连衣裙看起来层次更加丰富，格子花纹更有学院风格。

图 3-88　校园制服系列 6

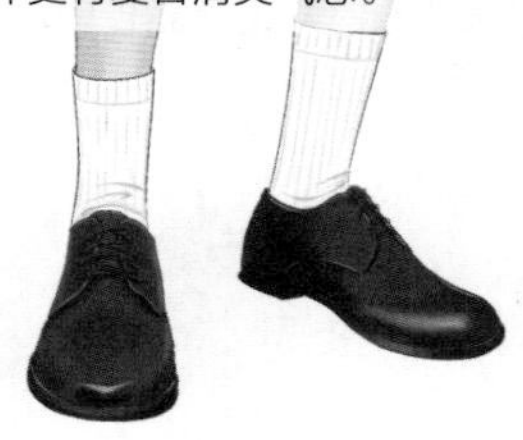

本款为夏季男装系列2，造型设计上简洁大气，领带采用扣环设计，整体更有夏日清爽气息。

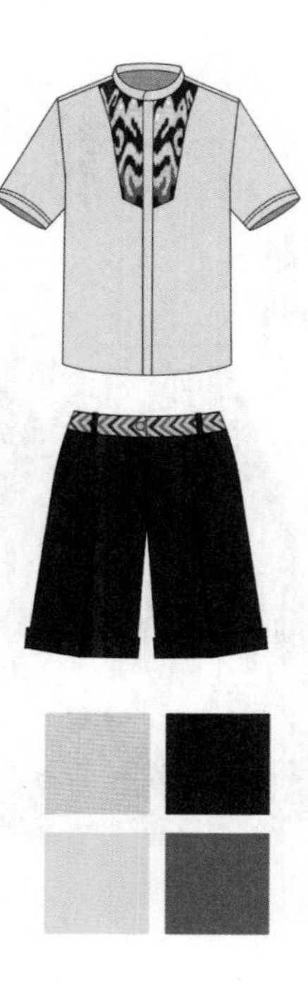

色彩提炼与图案选取

图 3-89　校园制服系列 7

本款为夏季女装系列2，以蓝色为主色调。款式上采用了泡泡袖以及在袖口处添加了蝴蝶结，腰部收腰的设计，显出少女的可爱和优美曲线。

图 3-90　校园制服系列 8

色彩提炼与图案选取

本款为秋季男装系列1，图案色彩运用与女装相呼应，整体明度比女装要暗一点，男装相对更加沉稳，腰部加入腰带收腰，整体更显精神。

图 3-91 校园制服系列 9

本款为秋季女装系列1，色彩上采用黄褐色为主调，女装短款修身西服套装，西装裙摆处加入荷叶边，显出女生可爱学生气质，秋季搭配小礼帽增加仪式感。

图 3-92　校园制服系列 10

图 3-93　校园制服系列 11

本款为秋季女装系列2，西装领处设计成圆角，显得女孩更加俏皮，双排扣设计更加庄重，西装裙打破常规更有设计感，轻松而稳重。

图 3-94 校园制服系列 12

色彩提炼与图案选取

本款为冬季男装系列1，主色调与女装统一，点缀色彩灵感来自艾德莱斯绸图案的色彩，女装采用红色，男装采用蓝色。牛角扣设计更符合青少年学生。

图3-95 校园制服系列13

本款为冬季女装系列1，以红褐色为主调，海军领大衣，具有御寒效果同时保留学生形象，搭配贝雷帽和裤袜，冬日氛围拉满，艾德莱斯绸色彩的点缀恰到好处。

图 3-96　校园制服系列 14

本款为冬季男装系列2，色调上比女装要暗一些，更稳重，在风衣的基础上加入斗篷元素及收腰设计，整体干练不臃肿。

色彩提炼与图案选取

图 3-97　校园制服系列 15

本款为冬季女装系列2，女装短款斗篷设计让冬日时尚不失温度，同时避免了服装成为阻碍活动的枷锁，穿着方便防风，同时也凸显干练。

色彩提炼与图案选取

图 3-98 校园制服系列 16

3.3.2 校园运动系列

将运动元素、艾德莱斯纹样以及简约的颜色三者相互混合，打造新时代民族风校园运动着装。适应校园生活，满足追求个性的学生，着重从安全性、耐久性、美观性和易清理性四个角度进行设计，使民族文化融入校园生活（图 3-99 ~图 3-105）。

服装设计：闻漪漓、王嫒嫒
款式图绘制：闻漪漓

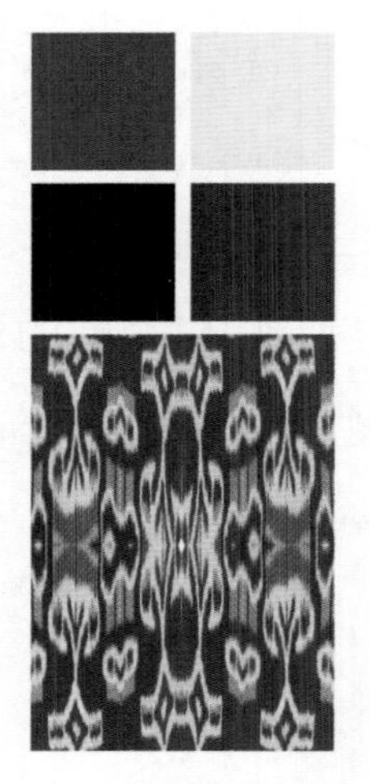
色彩提炼与图案选取

春季校服采用了运动外套的款式。方便穿脱，适应气候变化。面料选择了蓝黑色的涤盖棉，来满足春季户外活动增多，耐磨、耐脏、易洗涤的需求。艾德莱斯图案向左肩延伸，突出了校徽，使同学们更有归属感。

图 3-99　校园运动系列 1

女款校服选择了暗红色，展现个性的同时又低调实用。上衣和裤子上竖直的艾德莱斯图案可以使着装在整体中看起来更加整齐，从视觉上矫正了体态。

图 3-100　校园运动系列 2

女款夏季校服将艾德莱斯图案放置在了身体侧方，视觉上使身姿更加挺拔，满足青春期女生夏季爱美的需求，体现了青少年的活泼开朗和个性。

图 3-101　校园运动系列 3

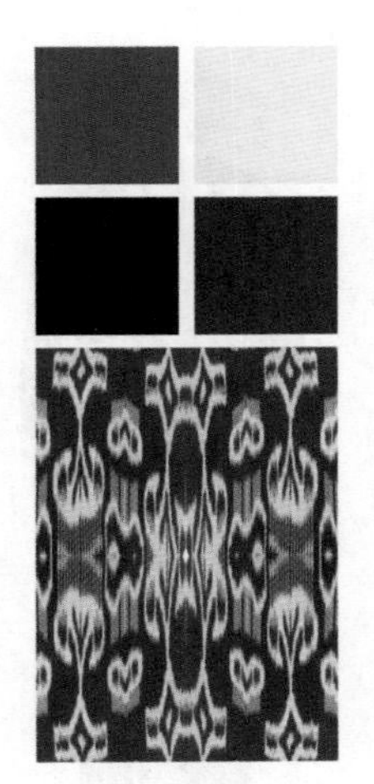

色彩提炼与图案选取

秋季校服选用新疆长绒棉制作的加绒卫衣。新疆纬度高，进入秋季后昼短夜长，为了提高安全性，在卫衣和裤子上采用红蓝两种颜色装饰了反光条。

图 3-102 校园运动系列 4

女秋装以红色、白色为主，装饰蓝黑色与反光条，干净可爱。艾德莱斯图案出现在肘关节和膝关节的位置，改善了白色不耐脏的缺点。

图 3-103　校园运动系列 5

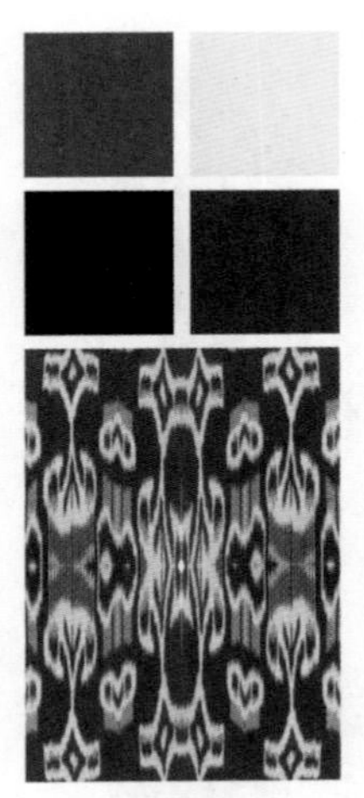
色彩提炼与图案选取

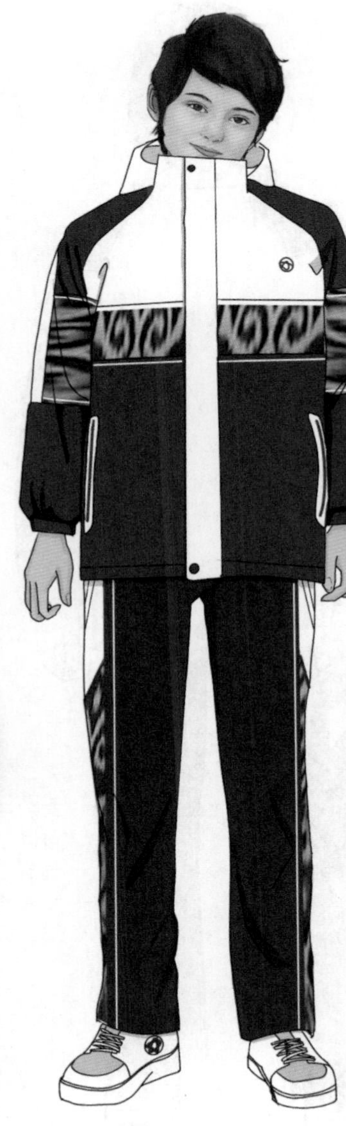

冬季选用防风保暖、质地轻的连帽冲锋衣，替代了笨重、不便于活动的棉服、羽绒服。更适应学生冬季需要进行跑操等活动的需求，同时装饰了反光条来满足安全需求。艾德莱斯图案出现在下装侧方，显得腿部更加修长。

图 3-104 校园运动系列 6

女款冲锋衣在内侧添加口袋，可以在冬天放置暖宝宝等保暖物品，增强了功能性。反光条和艾德莱斯图案以曲线方式装饰，视觉上更加修身。

图 3-105 校园运动系列 7

3.3.3 儿童户外系列

艾德莱斯元素与运动童装相融合。让孩子们在日常阅读学习中多关注中国文化，提高文化视野，奔向户外，拥抱自然，加强身体素质（图 3-106 ~图 3-111）。

服装设计：张吉平、汪丽群
款式图绘制：张吉平

装饰有艾德莱斯图案的羽绒拼接棉服与假两件运动保暖裤搭配，可以使儿童在秋冬季应对大部分户外运动穿着需要。

图 3-106　儿童户外系列 1

艾德莱斯图案瑜伽裤，搭配运动高领防风保暖棉衣，让儿童在冬日寒冷的气候之下也能有较为舒适的运动体验和安全温暖的冬日衣着防护。

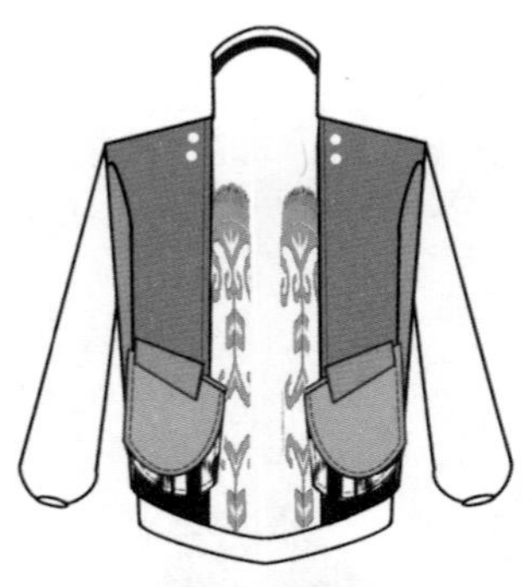

演变款式

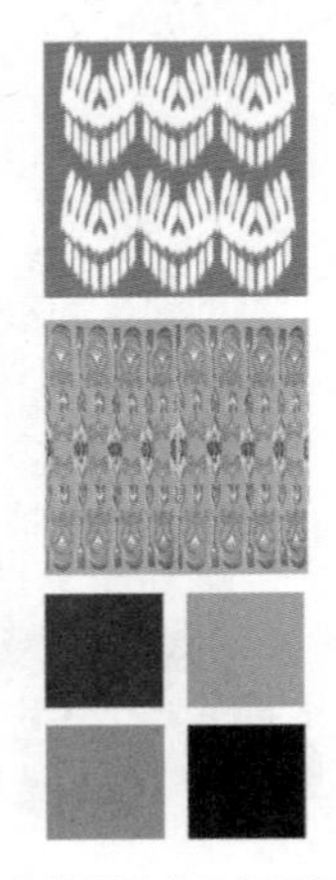

艾德莱斯图案及色彩提炼

图 3-107 儿童户外系列 2

艾德莱斯图案马甲与运动卫衣搭配，能让儿童更自如地在冬日环境中运动。颈部防风设计也能在一些特殊天气起到保暖作用。

演变款式

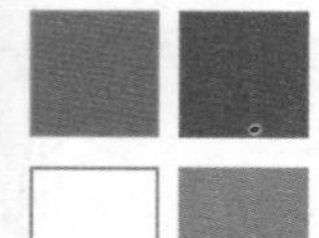

艾德莱斯图案及色彩提炼

图 3-108 儿童户外系列 3

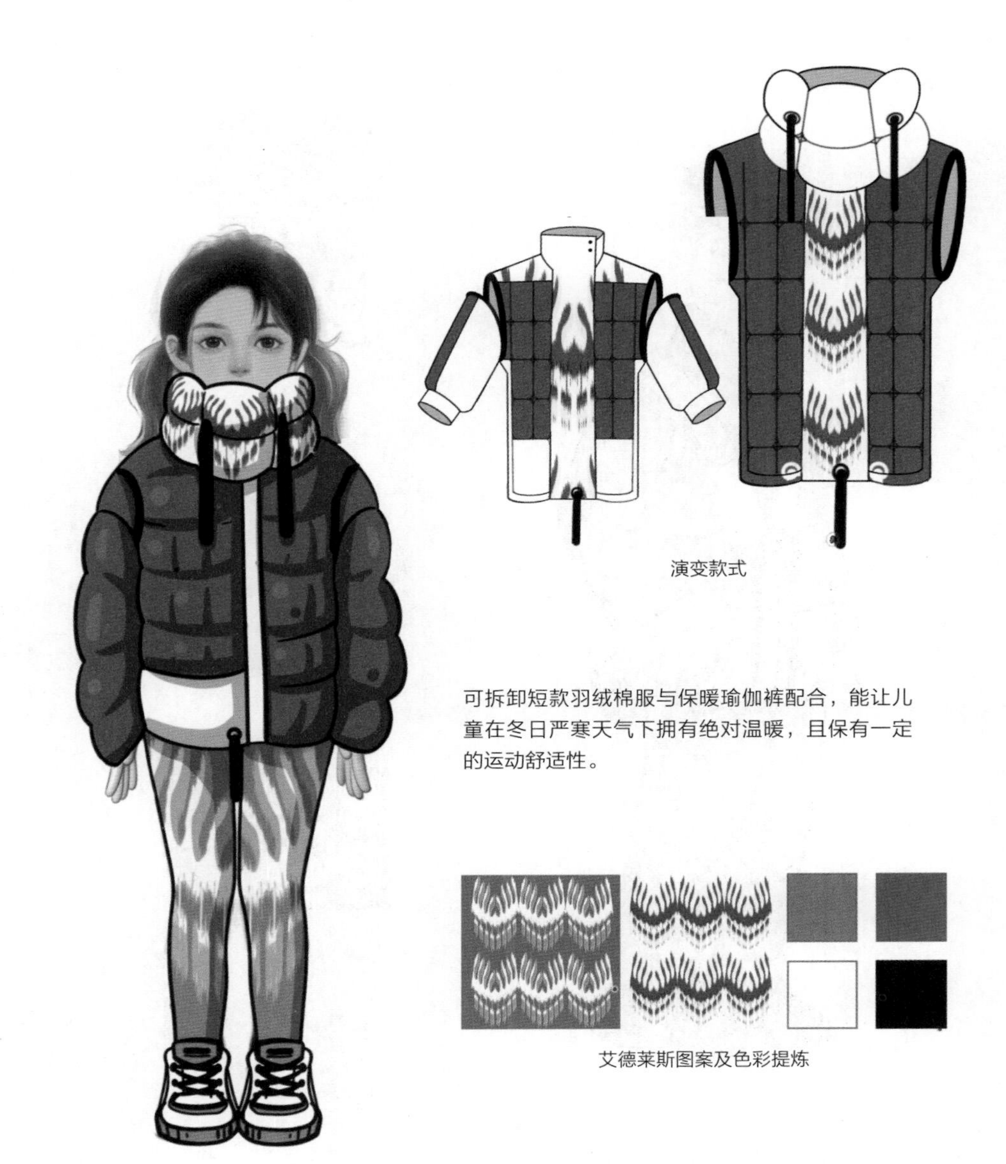

图 3-109　儿童户外系列 4

艾德莱斯图案外套与保暖运动裤搭配，可满足儿童日常课外活动的穿搭需求，并且可以与多种款式搭配穿着。

图 3-110　儿童户外系列 5

演变款式

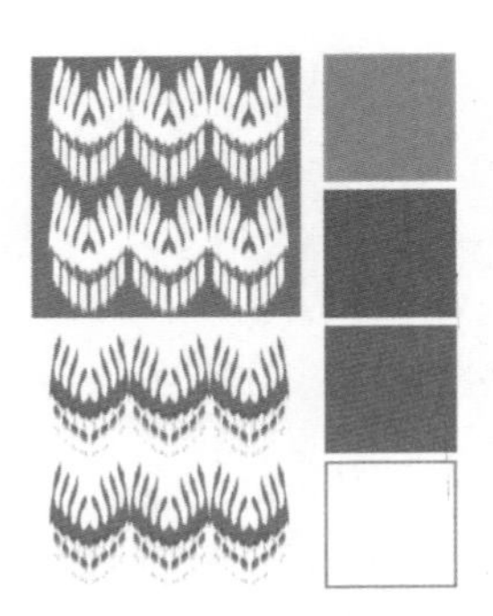

艾德莱斯图案及色彩提炼

拼接风格冲锋衣与机能圆领卫衣搭配，加上科技保暖面料的加持，在秋冬季节告别臃肿的穿搭，既轻盈又温暖。

图 3-111　儿童户外系列 6

参考文献

[1] 刘静，王瑞. 艾德莱斯绸纹样再造设计与应用研究 [J]. 创意设计源，2023(02)：29-35.
[2] 王雪. 艾德莱斯绸在现代服装设计中的应用 [J]. 化纤与纺织技术，2021(06)：110-111.
[3] 贺显伟. 艾德莱斯色彩美学与时尚活化设计研究 [J]. 纺织导报，2021(08)：82-84.
[4] 张天骄. 从中亚伊卡特看新疆艾德莱斯的起源 [J]. 艺术设计研究，2019(02)：51-56.